Les médiations épistémologiques
Perspectives sur Edgar Morin

Collection « Ouverture philosophique »
Série « Bibliothèque »
dirigée par
Jean-Marc Lachaud et Bruno Péquignot

Une collection d'ouvrages qui se propose d'accueillir des travaux originaux sans exclusive d'écoles ou de thématiques.

Il s'agit de favoriser la confrontation de recherches et des réflexions, qu'elles soient le fait de philosophes « professionnels » ou non. On n'y confondra donc pas la philosophie avec une discipline académique ; elle est réputée être le fait de tous ceux qu'habite la passion de penser, qu'ils soient professeurs de philosophie, spécialistes des sciences humaines, sociales ou naturelles, ou… polisseurs de verres de lunettes astronomiques.

La série « Bibliothèque » comporte des ouvrages qui inaugurent ou complètent la connaissance des philosophes en explorant leur problématique, leur argumentation et leur héritage.

Dernières parutions

Auguste Nsonsissa, *Les médiations épistémologiques. Perspectives sur Edgar Morin*, 2021.
Geneviève GAVIGNAUD-FONTAINE, *Saint Thomas d'Aquin et la volonté de justice. Actualité du questionnement philosophique*, 2021.
Deven BURKS, *Le concept de concept dans la philosophie de Deleuze. Polymorphisme(s) et pluralisme(s),* 2021.
Yvon QUINIOU, *Critique de l'idéalisme philosophique. Approche théorique et politique*, 2021.
Hugues LETHIERRY (dir), *7 familles de sages antiques. Des penseurs à vendre,* 2021.
Ange Bergson LENDJA NGNEMZUE, *La question cosmologique. Platon, Lemaître et l'origine de l'Univers,* 2021.
Nikos FOUFAS, *Les antinomies de la pensée bourgeoise chez Lukács*, 2020.
Joël BALAZUT, *Le fondement métaphysique de la civilisation technicienne*, 2020.

Les médiations épistémologiques
Perspectives sur Edgar Morin

Collection « Ouverture philosophique »
Série « Bibliothèque »
dirigée par
Jean-Marc Lachaud et Bruno Péquignot

Une collection d'ouvrages qui se propose d'accueillir des travaux originaux sans exclusive d'écoles ou de thématiques.

Il s'agit de favoriser la confrontation de recherches et des réflexions, qu'elles soient le fait de philosophes « professionnels » ou non. On n'y confondra donc pas la philosophie avec une discipline académique ; elle est réputée être le fait de tous ceux qu'habite la passion de penser, qu'ils soient professeurs de philosophie, spécialistes des sciences humaines, sociales ou naturelles, ou… polisseurs de verres de lunettes astronomiques.

La série « Bibliothèque » comporte des ouvrages qui inaugurent ou complètent la connaissance des philosophes en explorant leur problématique, leur argumentation et leur héritage.

Dernières parutions

Auguste Nsonsissa, *Les médiations épistémologiques. Perspectives sur Edgar Morin*, 2021.
Geneviève GAVIGNAUD-FONTAINE, *Saint Thomas d'Aquin et la volonté de justice. Actualité du questionnement philosophique*, 2021.
Deven BURKS, *Le concept de concept dans la philosophie de Deleuze. Polymorphisme(s) et pluralisme(s),* 2021.
Yvon QUINIOU, *Critique de l'idéalisme philosophique. Approche théorique et politique*, 2021.
Hugues LETHIERRY (dir), *7 familles de sages antiques. Des penseurs à vendre,* 2021.
Ange Bergson LENDJA NGNEMZUE, *La question cosmologique. Platon, Lemaître et l'origine de l'Univers,* 2021.
Nikos FOUFAS, *Les antinomies de la pensée bourgeoise chez Lukács*, 2020.
Joël BALAZUT, *Le fondement métaphysique de la civilisation technicienne*, 2020.

Auguste NSONSISSA

Les médiations épistémologiques
Perspectives sur Edgar Morin

Préface du Professeur Mounkaïla Abdo Laouali SERKI

L'Harmattan

5-7, rue de l'École-Polytechnique – 75005 Paris
www.editions-harmattan.fr
ISBN : 978-2-343-22286-8
EAN : 9782343222868

Au Professeur Marcel Nguimbi,

REMERCIEMENTS

Cet ouvrage rend hommage à monsieur le Professeur Marcel Nguimbi, le premier Docteur en Philosophie formé à l'Université Marien Ngouabi. Il a fait sa thèse « Karl Popper et le symbolisme logique » au sein du laboratoire de Logique, Epistémologie et Histoire des Sciences. Sa dissertation doctorale, si excellente et remarquée, ses ouvrages en logique, épistémologie et éthique, ses articles transversaux, ses réflexions pertinentes et innovantes au cœur de la philosophie poppérienne du langage et ses contributions diverses dans la vivacité de la recherche en philosophie des sciences de Karl Popper témoignent de la grandeur et de la profondeur de l'entreprise cognitive critique ; digne d'un chercheur africain hors pair. Il a osé amorcer à Brazzaville, après Emmanuel Malolo Dissakè au Cameroun, et bien d'autres philosophes africains, des études épistémologiques de qualité et ce, dans la sphère anglo-saxonne. Je dédie donc cet essai à la mémoire de Marcel Nguimbi, disparu brutalement en septembre 2020. Brillantissime interprète de Karl Popper ; inoubliable éveilleur en ce temps de grisaille philosophique au Congo enclin à la crise sanitaire, il siège dans l'au-delà.

Qu'il en soit ainsi ! Avec son acribie coutumière, il nous a initié la rationalité poppérienne sur fond d'un style philosophique teinté d'humour. Ses orientations méthodologiques aident à comprendre, ô combien nous sommes tous devenus prisonniers de l'espérance face aux ambivalences du futur, c'est-à-dire le surgissement de la mort en plein travail. Mais, nous gardons l'espoir que nous allons le revoir au Ciel. Il s'agit d'une espérance constituée, conquise et lucide, du moins en lisant Karl Popper : « A la recherche d'un monde meilleur ». Avec Marcel Nguimbi, par-delà sa disparition ingérable, on est tous porté à être des intellectuels stratèges, mais aussi des adversaires déclarés et opiniâtres de l'historicisme improductifs, pour ainsi dire. Le Professeur Charles Zacharie, notre maître, nous l'a tous appris sans exclusive et sans distinction ni de race, ni de département. Dans cette aspiration à vivre autrement comme chercheur congolais, à être-ensemble autour du Professeur Bowao, nous apprenons davantage à être des avertisseurs au sein d'un monde préoccupé par le devenir et l'avenir de notre humanisme déchiré dans son ouverture à l'humanitarisme.

Cela étant, la complexité existentielle nous expose aux risques de la pensée libre exercée philosophiquement par Marcel Nguimbi, notre temps saura relever les défis éthiques et intellectuels et les inquiétudes qui prennent chair et forme au sein de notre société devenue « société du soin ». Quand bien même il n'aurait pas bénéficié vraiment d'un temps long de recherche dans son domaine de prédilection ; faute de vie pérenne sur terre, et allongé sans voix sur le lit d'hôpital. Ajoutons à cela l'aspect historique de sa vie académique qui paraît dominant à raison de sa forme paradoxale : excellente et courte. A cet effet, nous ne l'oublions, donc, pas, lui qui a tant connu le mot d'Edgar Morin s'exclamant : **Oh monde ! « Attends-toi à l'inattendu »**. *Ce serait sans doute,* comme dit Dominique Lecourt, *faire injure à la Philosophie congolaise d'oser confronter la liste de ses productions philosophiques entre 2011 et 2020 à celle des travaux scientifiques de la même période.*

Cet ouvrage est écrit sous l'inspiration de notre maître commun, le Professeur Edgar Morin sur qui Marcel Nguimbi[1] *a consacré un ouvrage collectif à partir des concepts innovants comme «* complexité et/ou simplexité *». Cela dit, Penseur planétaire de notre temps, Edgar Morin a 100 ans d'âge, aujourd'hui. Sa pensée complexe couplée à la pensée globale nous accompagne tous. Elle se place au cœur même de notre humanité, aux frontières du raisonnable et du rationnel. Morin nous a appris à sortir des enceintes intellectuelles par la complexité qui est une « voie »*[2] *et par son style philosophique dialogué et nuancé. Car il s'engage dans les « voies » pour aller vers la « voie ».*

Cela étant, nos pensées vont particulièrement aussi à l'égard de monsieur le Professeur Mounkaila Laouali Serki de l'Université Abdou Moumouni de Niamey au Niger. En dépit des atrocités actuelles causées par la crise sanitaire qui se mondialise, mais qui

---

[1]Marcel NGUIMBI et Charles Zacharie BOWAO, *Cahiers épistémo-logiques. Epistémologie entre complexité et simplexité Volume I. Pensée, méthode et philosophie de la complexité et/ou de la simplexité*, 3/ 2015, Paris, L'Harmattan, 2015, Avant-propos, p. 9.

[2] Edgar MORIN, *La Voie. Pour l'avenir de l'humanité*, Paris, Fayard, 2011, p. 61.

nous solidarise, par ailleurs, il a fourni tout l'effort en sa mesure pour nous aider à affiner la rédaction de notre livre et pour rédiger la préface qui nous encourage tant à persévérer dans cette tâche. Son amitié légendaire en dit surtout long et en est la parfaite illustration.

Nous ne pouvons évidemment terminer cette présentation sans adresser, une fois de plus, nos vifs remerciements à notre Maître monsieur le Professeur Charles Zacharie Bowao de l'Université Marien Ngouabi. Il a eu de bonnes pensées pour nous. Il nous a été d'un secours précieux pour pénétrer les arcanes de la conception morinienne de la science. Il nous a, en fait, initié et éclairé sur Morin. Donc, la riche, longue formation académique et universitaire que nous avions reçue de lui, de générations en générations, et ce, à l'occasion des leçons et innombrables conversations sur Morin, est de nature à crédibiliser la tradition scientifique, dans notre Université, en logique et philosophie des sciences. En lui souhaitant longue vie, nous prions qu'il soit toujours à l'abri de toute souffrance inimaginable. C'est à ce grand monsieur, plein d'esprit et de bravade intellectuelle, visionnaire reconnu en faveur de la liberté de pensée sous toutes ses formes dont il a toujours fait preuve, chercheur impitoyable, que nous voudrions, en toute reconnaissance inchangée, aussi lui convier à bénir cet essai qui articule épistémologie et histoire.

Nous tenons, enfin, vivement à remercier les amis de notre équipe pédagogique, Dr Kibangou, Dr Oudiafouka, Dr Ankomo Ampini, les doctorants Bolombo Bolos, Mantsouaka, Gouayoyo, Mayindou, Elenga, Ndzili, Kokolo, Dokolo ; Angouo, etc., qui ont accepté de travailler avec nous dans la franche collaboration avec Marcel Nguimbi.

Je n'oublie pas, au final, Cédric Mavoungou, informaticien.

Fait à Brazzaville, le 20 avril 2020

PREFACE

Pour plusieurs raisons, le livre d'Auguste Nsonsissa est d'une grande singularité dans le discours de la philosophie contemporaine de la complexité. Il s'agit de le considérer comme une porte d'entrée dans l'univers complexe de la pensée d'Edgar Morin. Replacé dans la grande histoire de la philosophie contemporaine des sciences, cet ouvrage, rappelle les travaux des Philosophes anciens à l'instar d'Héraclite d'Ephèse, Parménide d'Elée, etc.

Primo, on peut dire que sa portée se fonde sur l'audace dont l'auteur a su faire montre dans la discussion rationnelle engagée avec Morin, au sujet de la problématique de l'universalisme étriqué prôné par la perspective de l'eurocentrisme couplé au réductionnisme.

Secundo, cette portée théorique s'affirme surtout dans la remise en cause du mythe de la toute-puissante Raison dont les positivistes logiques ont été les grands apologètes.

Tertio, ce livre s'articule autour de tous les pans de la philosophie, en mettant en exergue la philosophie de la connaissance, la philosophie de l'histoire, l'éthique, mais aussi la philosophie de l'action au cœur de l'articulation des sciences.

C'est donc de la visée sociale de l'humain, de façon générale, qu'il est ici question. En cela, il faut dire, sans avec une solide conviction que Nsonsissa pose l'un des épineux problèmes de la philosophie contemporaine.

En substance, il s'est agi, dans ce texte, de mettre en relief la pensée complexe d'Edgar Morin, notamment au sujet de la corrélation des connaissances. Le Professeur Auguste Nsonsissa traite de la dialogique des sciences et de l'histoire des sciences. Le débat d'idées qu'il engage se justifie amplement, du point de vue tant théorique que méthodologique. Sur le plan théorique, l'auteur discute, en se fondant sur les concepts de Morin, des conditions de possibilité de l'articulation des connaissances. Sous l'angle méthodologique, il met aussi en exergue l'approche innovante et idoine de la nouvelle science visant à saisir la réalité et ses niveaux, en passant en revue les différentes postures épistémologiques antérieures dont « l'empirisme logique »[1] comme expression des principes d'intelligibilité de la science classique.

Ainsi, en s'inscrivant dans cette perspective articulatoire des sciences, l'auteur s'est attelé à établir les limites de la connaissance théorique dogmatique qui, pour l'essentiel repose sur le caractère autoréflexif de la raison close. La complexité scientifique et le caractère évanescent du réel, selon lui ne permet pas au sujet pensant d'envisager avec certitude une prévision sans faille de la matérialisation des événements. La prédiction, qui atteste véritablement la maîtrise de réel concret par l'humain, doit reposer sur un système stable.

Or l'univers du savoir, comme la réalité sociale d'ailleurs, n'est que pur mouvement. Fonder un axe programmatique de la recherche en philosophie contemporaine des sciences, sur fond d'une certitude absolue n'est qu'une vue de l'esprit, à bien comprendre notre auteur. Ainsi, en se référant à Morin, on s'accorde avec Nsonsissa que la certitude dont fait cas le positivisme logique par exemple suppose un déterminisme absolu. Le réel étant mouvant et complexe, le déterminisme absolu doit faire place au probable, au hasard, ce qui implique toujours une marge d'erreur dans les prédictions scientifiques. Cela constitue, à n'en point douter, un aspect saillant de la critique de cette raison historiciste et close. En effet, les théoriciens qui ont voulu élaborer un ordre rationnel de la société, une compartimentation des connaissances selon toujours l'auteur, ont fait de ce rêve un cauchemar.

Mieux, il apparaît clairement que le vérificationnisme comme paradigme de recherche du Cercle de Vienne met en avant l'induction, ce qui, aux yeux de Nsonsissa, suivant Morin, constitue une aberration. Le clivage entre les sciences est, selon lui, une voie épistémologique sans issue. Elle ne peut pas permettre à la science contemporaine de mener ses investigations en toute objectivité. En morinien convaincu, Nsonsissa met en avant la complexification de la recherche de la vérité. Ce faisant, il postule la complexité

---

[1] Christian BONNET et Pierre WAGNER, *L'âge d'or de l'empirisme logique. Vienne, Berlin, Prague 1926-1936*, Paris, Gallimard, coll. « Bibliothèque de Philosophie », 2006, p. 81.

épistémologique comme une des voies menant à la recherche scientifique de l'absolu. L'éthique de la reliance y est évoquée pour penser l'articulation du rationnel et du raisonnable. C'est d'ailleurs un autre argument non moins pertinent qui fonde la posture intellectuelle de l'auteur qui se focalise sur « la pensée interstitielle » à partir de la montée de l'irrationnel dans les sciences contemporaines.

Certes, le Professeur Nsonsissa entérine l'idée morinienne, non sans la nuancer, selon laquelle les sciences exactes sont d'une telle rigueur qu'elles permettent des prévisions plus ou moins exactes. Toutefois, il met en relief l'impossibilité de transposer les méthodes des sciences exactes sur les sciences anthroposociales au moyen du principe dialogique. En effet, le sujet individuel ne peut conduire et réussir ses recherches que dans la collaboration avec ses semblables. C'est pourquoi, l'approche du Professeur Nsonsissa donne droit à la dialogique pensante de l'individuel et du collectif au sein d'une communauté scientifique.

Ainsi, il réactualise l'idée bachelardienne selon laquelle on part à la découverte du vrai avec les autres. Une fois de plus, il s'agit pour l'auteur, de démontrer que l'humanité est faillible, l'esprit humain fragile, et que le réel lui résiste dans l'histoire tout autant. Cela explique son recours à la théorie de la complexité en quête de fondements sur l'interaction du rationnel et du raisonnable d'une part, puis du naturel et du culturel d'autre part... La rationalité philosophique est, par essence, à la fois critique et argumentative. Cette nouvelle théorie de la complexité s'inscrit aux antipodes des approches essentialistes dont le positivisme logique est le paradigme révélateur.

Du point de vue pratique, Nsonsissa articule les conditions de possibilité de l'adaptation de l'homme à son environnement physique, sociopolitique et culturel sur fond de rationalité ouverte dont il fait preuve. Bref, l'auteur s'inscrit aussi dans la perspective poppérienne pour lancer un défi au rationalisme clos, posture qui l'amène à rompre avec l'ambition démesurée de construction d'un fondement irrécusable du sens historique.

En effet, il est loisible de déceler chez lui l'idée selon laquelle l'histoire n'a pas de sens. Elle ne saurait en avoir un lorsqu'on sait que contrairement à la fameuse idée développée par Hegel, les phénomènes historiques sont singuliers et chaotiques. Non seulement l'histoire n'est pas linéaire, mais aussi et surtout il y a une forte probabilité de contingence dans la production des évènements. En ce sens, non seulement la connaissance du passé se révèle inapte à nous permettre une prévision adéquate de l'avenir des sciences et le devenir de la science. C'est fort de cette conviction, qu'il allie de façon dialogique la rationalité scientifique à la métaphysique, au grand dam du positivisme logique en panne.

C'est dire que Nsonsissa, en s'appropriant la conception morinienne du projet transdisciplinaire qui plus est transversal, expose le changement de paradigme dans la science du complexe qui est en perspective. Il met au crible de la critique le positivisme logique du Cercle de Vienne et démontre, en ce sens, que le rationalisme exacerbé de l'empirisme traditionnel est défaillant dans la mesure où celui-ci postule la raison humaine comme capable d'appréhender, sans limite aucune, le réel décentré.

L'approche que défend l'auteur s'articule autour du concept d'humanisme non déchiré, qui semble être mis à rude épreuve par la raison technicienne. Cet humanisme ouvert se donne ainsi à entendre comme l'émanation d'un système dépendant de l'interaction physique avec la nature humaine. Ce pan entier de recherche donne une dimension sans doute plus novatrice à la réflexion innovante de Nsonsissa, philosophe de renommée mondiale, spécialiste hors pair d'Edgar Morin.

En effet, fort de l'affreuse situation de déshumanisation de l'homme engendrée par l'avènement de la technoscience, penser l'humain au cœur de la radicalité éthique devient une exigence incontournable. Selon toujours Nsonsissa, le langage de la machine manque d'éthique par défaut d'argumentation rationnelle et d'intégration dans la communauté des individus. L'approche humaniste est celle qui met en avant l'interaction entre l'humanisme et la raison. Elle permet de démontrer, contrairement aux principes d'intelligibilité de la science classique, que la nouvelle science du complexe n'est pas un système clos, mais qu'elle est toujours ouverte à l'inconnu.

De ce fait, il appartient aux sujets humains, dialoguant, d'inventer et de réinventer l'histoire des sciences. C'est dans cette perspective non classique que l'auteur revient sur les limites de l'universalisme étriqué qui présente la raison close comme étant essentiellement européenne érigée en modèle incontournable. Par contre, il aurait pu convoquer des auteurs africains de renom, comme Abdoulaye Elimane Kane, Souleymane Bachir Diagne et Yaovi Akakpo qui l'ont devancé sur l'état des lieux de la question. Ce faisant, il aurait su démontrer que chaque communauté, chaque peuple, peut se prévaloir d'être l'épicentre de la connaissance et de la rationalité.

Quoi qu'il en coûte, le Professeur Nsonsissa[1] préconise ainsi une « décolonisation conceptuelle de la philosophie » à la faveur d'une épistémologie des « reliances » des cultures. En lieu et place d'une attitude arrogante et non-inclusive de l'Occident, il envisage une prise en compte de la nature humaine dans toute sa diversité, dans toute sa richesse C'est en ce sens qu'il prône un universalisme contextualisé. Cette approche lui permet de plaider, *in fine*, pour une éthique transculturelle de l'existence humaine dont l'universalité est garantie par le sens d'ouverture de la raison scientifique.

Mounkaïla Abdo Laouali SERKI
Wacha (Niger), le 31 mai 2020

[1] A ce sujet d'importance on peut renvoyer à l'ouvrage d'Auguste NSONSISSA : *Choc des diversités et recomposition de l'unité. Plaidoyer pour un alternativisme épistémologique*, Paris, L'Harmattan, coll. « Ouverture philosophique ».

Introduction : le rôle médiateur de la complexité

Cet ouvrage essaie de montrer quelques éléments de philosophie des reliances chez Morin[1], philosophe et sociologue français (1921-). Sa pensée complexe se déploie au cœur de la philosophie contemporaine de la connaissance et y prend pied. Suscitant, dans le « contexte africain » qui est le nôtre particulièrement, du vague à l'âme chez la plupart de ceux des métaphysiciens et des positivistes[2] de pure souche, elle est objectée aussi par ceux des réductionnistes qui pensent que les sciences dites anthroposociales n'ont une aucune dimension philosophante. Loin s'en faut !

Notre ouvrage se propose de critiquer ces dénégations outragées, parfois face à de telles hypothèses audacieuses invérifiées jusqu'à ce jour. Elles sont de nature à rappeler ce que Morin qualifie « d'intelligence aveugle », c'est-à-dire l'incapacité d'articuler le contexte scientifique et le complexe planétaire. Pareille vision rétrograde est aussi caractéristique de la « pathologie du savoir. » Nous plaidons donc en faveur de l'instauration d'une « pensée interstitielle », c'est-à-dire la prise en compte et la mise en valeur des « failles » ; celle-ci pourrait *in fine* se présenter telle une « Symbiosophie ». Pour y parvenir, nous avons choisi l'histoire comme approche et procéder à l'état des lieux de cette pensée interstitielle que Morin promeut, et ce, au-delà de la « simplexité »[3].

Travailler le concept de « complexité[4] » épistémologique, assez souvent contesté, à cause de son hybridisme, devrait apparaître à

---

[1] Edgar MORIN, pour autant qu'il est encore en vie est considéré comme un penseur hors-catégorie. Tantôt il est pris pour un « Indiscipliné », selon le mot d'Emmanuel Lemieux, tantôt parmi les grands penseurs de ceux qui ont pu rencontrer « Martin Heidegger en France ». Cf. Dominique Janicaud, II. Entretiens, Paris, Albin Michel, coll. « Idées », 2001, p. 228.

[2] Georges MOURELOS, *L'épistémologie positive et la critique meyersonnienne*, Paris, PUF, 1989, p. 41.

[3] Alain BERTHOZ, *La simplexité*, Paris, Odile Jacob, 2009, p. 183.

[4] D'après Morin la complexité est un défi : « Le défi de la globalité est en même temps un défi de complexité. En effet, il y a complexité lorsque sont inséparables les composants différents constituant un tout (comme l'économique, le politique, le sociologique, le psychologique, l'affectif, le mythologique) et qu'il y a tissu interdépendant, interactif et inter-rétroactif entre les parties et le tout, le tout et les

d'autres gens ; tenants de la science classique et de ses principes, comme totalement hérétique. Le prétexte théorique choisi par eux est que Morin, en visant l'instauration d'une science du complexe, ne va jamais au fond des choses. Encore faut-il qu'on nous dise, par ailleurs, s'il existe un penseur, un seul, au monde qui ose affirmer avec certitude que les choses mises en question ont réellement leur fond et qu'on y accède par la métaphysique seule.

Or, cette vision des choses ne peut pas aller de soi pour tous les philosophes des sciences. Il faut alors la critiquer et la dépasser, à cause du positivisme réflexif de quelques philosophes[1]. Cette critique va au-delà du contexte purement réductionniste de la science classique. Sur ce, il importe de faire valoir la complexité philosophique des sciences. Il reste que pareille légitimité épistémologique du contexte de découverte du paradigme de la complexité et le contexte de justification de la place qu'il y occupe dans le concert des disciplines scientifiques, aujourd'hui, reste encore à réévaluer. Encore faut-il préciser que le contexte d'émergence et de justification de notre objet de recherche est en parfaite harmonie avec « les objets fractals » de Benoit Mandelbrot.[2]

Cela étant, nous avons voulu y aller en nous inspirant du mieux qu'il nous est possible des travaux disponibles à partir de Morin sur l'état de la question de la reliance des connaissances, particulièrement. Nous avons, pour ce faire, essayé d'aller encore plus loin, c'est-à-dire non pas dans la simple provocation, mais dans l'évocation d'une intuition lumineuse relative à la marche de la science contemporaine. Ce geste philosophique tient dans l'acte d'affirmer la posture modeste du nouvel esprit scientifique qui tente de comprendre le monde avec nuances. Sur le plan particulier de la connaissance relationnelle et de la reconnaissance des relations interdisciplinaires, en fait tout paraît quelque peu complexe et inédit.

---

parties. Or les développements propres à notre siècle et à notre ère planétaire nous affrontent de plus en plus souvent et de plus en plus inéluctablement aux défis de la complexité. », *Ibid.*, p. 14.

[1] Emmanuel BANYWESIZE, (dir.), *Science et métaphysique,* 6/2017, Paris, L'Harmattan, pp. 11-18.

[2] Benoit MANDELBROT, *Les objets fractals. Forme, hasard et dimension*, Paris, Flammarion, 1989, p. 5.

Promouvoir l'indispensable radicalité de la pensée des « reliances » est, sans doute, en passe de marquer durablement des générations de socio-anthropologues contemporains qui considèrent volontiers que leur champ de recherche doit être ouvert à toutes les approches possibles à l'exemple de la métaphysique des sciences en perspective, et ce, entre « épistémologie et éthique »[1] particulièrement.

Parmi les disciplines que Morin met en œuvre, on peut prendre comme angle de vue la philosophie dite anthropologique de la connaissance. Elle occupe une place singulière dans cette dimension sociologisante à caractère philosophant de la science du complexe[2]… Cet élan de problématisation des recherches anthroposociales reste présent dans ses réflexions transdisciplinaires, du moins en suivant le sillon planté aussi bien par Platon que par Aristote. Grâce à eux deux, nous avons relevé l'impérieuse nécessité d'élaborer une réflexion transversale qui, loin de minimiser la corrélative des phénomènes complexes et leur absence (ou leur vacuité) de nature propre, la prend, plutôt, pour une prémisse majeure de type épistémologique dans la tension éthique qui va vers une manière d'être, ouverte au dialogue disciplinaire.

Cette « interlocution dialogique » prédispose le nouvel esprit à une « Symbiosophie ». Ce trait éthique de la reliance, si particulier de la complexité essentielle se reconnaît dans le propos canonique de Morin qu'il a prononcé, en 2011 en soulignant au Colloque international et interdisciplinaire[3] : « *Je n'aime pas être enfermé*

---

[1] Auguste NSONSISSA, (dir.), *Epistémologie et éthique*, 7/2018, Paris, L'harmattan, p. 11.

[2] Il n'est pas exclu de soupçonner par quelques côtés une certaine continuité épistémologique et non moins méthodologique entre la pensée complexe de Morin et la pensée postmoderne de Michel MAFESSOLI. Au-delà des invectives et de débats grouillants, les deux penseurs évitent de s'enliser « aux creux des apparences ». Cf. *Pour une éthique de l'esthétique,* Paris, La Table Ronde, 2007, p.42.

[3] Auguste NSONSISSA, « La position d'Edgar Morin dans le débat contemporain sur la fin de la sociologie classique », *Communication au Colloque International et Interdisciplinaire, 4e rencontres de socio-anthropologue de Grenoble* : « *Comment peut-on être Socio-anthropologue aujourd'hui ? Autour d'Edgar Morin* ». Ce colloque a été organisé par Laboratoire de Sociologie de Grenoble EMC^2-LSG/UPMF, Emotion-Médiation-Culture-Connaissance, Université Pierre Mendez

dans l'étiquette de sociologue. Tout ce que j'ai écrit a une dimension sociologique, mais ne s'y réduit pas »[1]. Cela étant, Morin quitte la sociologie close pour s'attacher désormais à la philosophie de la complexité. C'est la raison pour laquelle les moyens conceptuels et théoriques dans le parcours de *La Méthode*[2] sont pluridisciplinaires et interdisciplinaires.

Mais, Morin ne rejette ni la socio-anthropologie, ni la philosophie de la connaissance. Il articule les deux versants de la science. Alors, il y a, pourtant là, un domaine de compétence philosophique à explorer et une matière à réflexion critique. Sous ce contexte de justification et de découverte de la rationalité ouverte, la décision de travailler à ce qu'il y a de philosophiquement complexe dans la pensée de Morin[3] qualifié de « grand sociologue de la complexité » devient légitime et nuancée. Plutôt que de gérer à nouveaux frais les sirènes de l'irrationnel qui génèrent des positions radicales, entre les philosophes, le mieux serait de dénoncer les incompréhensions et les oppositions violentes qui sont nées du rejet de Morin vis-à-vis du territoire de la philosophie. Celle-ci est loin d'être l'expression des attitudes incantatoires à l'égard d'un penseur de notre temps, non moins philosophe, mais hors-catégorie, qui nous inspire tant.

Les sources et les ressources philosophiques de sa pensée complexe participent de la constellation d'une pensée, hors contexte absolu, mais toujours en alerte. Elle tend vers le principe dialogique et le rôle médiateur de la complexité. Il s'agit d'une complexité qui, chemin faisant, revêt un sens méthodologique partant de la

---

France, Sciences sociales et Humaines, les 20 et 21 janvier 2012, Amphi G, Campus Universitaire, (dir.), Florent Gaudez, p. 41.

[11] Propos de Morin que nous avions retenu à l'occasion d'une communication privée.

[2] Par contre, il y a lieu de signaler, soit dit en passant, que la question de la méthode se pose autrement par Paul FEYERABEND en contexte « d'une théorie anarchiste de la connaissance ». Cf. *Contre la méthode,* trad. de l'anglais par Baudouin JURDANT et Agnès SCHLUMBERGER, Paris, Seuil, 1979, p. 26.

[3] Ait ABDELMALEK, *Edgar Morin, Sociologue de la complexité*, Rennes, Editions Apogée, 2010, p. 45.

philosophie de Descartes à celle de Feyerabend[1]. Cette hypothèse trouve sa légitimation dans notre sujet de recherche déjà paru sous le titre : « *Transdisciplinarité et transversalité épistémo-logiques chez Edgar Morin* »[2]. Ce faisant, les sources socio-anthropologiques des études épistémologiques sur la pensée complexe sont à relativiser philosophiquement au moyen des éléments dont la pensée scientifique contemporaine nous livre le secret. L'enjeu consiste à « pointer » cette constellation de pensées qui ne sera pas tout à fait complète. En raison de son incomplétude, force est de poursuivre la réflexion si tant est qu'elle tenait compte des errances intellectuelles, des itinérances méthodologiques, des ruptures épistémologiques qui l'accompagnent. Sinon, alors, elle encourt le risque d'être ravalée à la simplification méthodologique que Morin récuse.

Penser l'articulation des sciences chez ce dernier revient à prendre sa carrière multidimensionnelle[3] surtout à la faveur des « rencontres » qu'il a eues avec les philosophes et les scientifiques de renom comme quelque chose d'essentiel. Cela autorise donc à justifier la portée épistémologique d'une « sociologie critique et une sociologie critiquée » dans ses longs développements[4] vers la philosophie de la complexité. La pensée de Morin conçoit donc le « sociologisme » d'un côté et la sociologie positiviste de l'autre comme étant improductives aujourd'hui. La connaissance sociologique du présent est comme une construction qui part non pas des intuitions physicalistes de la sociologie positiviste d'Auguste

---

[1] Paul FEYERABEND, *Contre la méthode. Esquisse d'une théorie anarchiste de la connaissance,* trad. de l'anglais par Baudouin Jurdant, Paris, Seuil, 1979, coll. « Points », p. 277.

[2] Notre première thèse doctorale a pour enjeu théorique d'éviter « le risque d'hyperspécialisation du chercheur et un risque de « chosification » de l'objet étudié et on risque d'oublier qu'il est extrait ou construit ». Nous avions pensé en suivant Morin que l'objet de la discipline étudiée ne devrait pas être perçu comme une chose auto-suffisante. Il a fallu donc montrer que les liaisons et les solidarités de cet objet avec d'autres objets pourraient se faire au moyen de la logique comme organon, comme philosophie, et comme méthode. En critiquant « l'esprit hyper-disciplinaire », nous avons voulu dégager l'intérêt philosophique de respecter les frontières épistémologiques et philosophiques au sens bachelardien du terme. Le transfert du langage, des concepts propres pouvait se faire par la logique sans tomber dans l'isolationnisme des disciplines anthroposociales et naturelles.

[3] Edgar MORIN, *Mon chemin*, Paris, Fayard, coll. « Essais », 2008, p.76.

[4] Edgar MORIN, *Sociologie,* Paris, Fayard, 1984, p. 281.

Comte, mais de la complexité épistémologique entendue comme critique et dépassement de la raison classification des sciences qui fait l'économie de leur articulation, ainsi que des interférences qui s'imposent à l'intérieur du monde de la science. C'est la raison qui rend à la complexité sa légitimité épistémologique de la reliance des sciences voulue par quelques philosophes contemporains[1].Ce qui est en jeu, c'est l'acheminement vers la décolonisation conceptuelle de la philosophie.

Partant de cet « auto-questionnement de la sociologie » et dans le double jeu des réceptions et des prolongements[2] de sa pensée complexe, en philosophie de la connaissance, nous nous focalisons sur le domaine de la logique de la science, parce que nous estimons, à notre humble avis, qu'elle constitue le nœud même de son entreprise épistémologique. A preuve, Edgar Morin a accrédité cette idée et l'accueille, chemin faisant, avec entière satisfaction pour interroger la connaissance de la connaissance scientifique aujourd'hui.

Pourquoi ne devrait-on pas s'attacher à cette logique de la connaissance doublée de l'intelligence de la complexité ? Il n'y a pas de connaissance, sans « connaissance de la connaissance ». Elle se doit d'incorporer, à la lumière des théorèmes d'incomplétude de Gödel (1931), une contrepartie de l'inachèvement de ce processus de complexification des connaissances scientifiques. La perception de la complexité épistémologique est irrémédiablement « ce quelque chose » de sublime, d'incomplet dans la connaissance humaine. Seule cette perception d'incomplétude logique impulse l'enquête sur un nouveau paradigme ou la « paradigmatique » qui donne à anticiper sur l'avenir de la raison, et favoriser par là même, au nom du devenir des rationalités modernes, la croyance rationnelle, mobilisatrice des chercheurs scientifiques en la transcendance du

---

[1] Abdelkader BACHTA (dir.), *Epistémologie et philosophie des sciences*. En l'honneur d'Angèle Kremer-Marietti, Paris, L'Harmattan, coll. « Epistémologie et Philosophie des sciences », 2010, p, 27.

[2] Rodriguez ZOYA L, Roggero PASCAL, « Sur le lien entre pensée et systèmes complexes », *Hermès, La Revue « Edgar Morin, aux risques d'une pensée libre »*, n° 60, juillet 2011, p. 151-156.

réel ; en un réel tantôt fuyant, tantôt attrayant, mais toujours complexe.

Donc, l'incorporation de l'incomplétude logique dans l'image chaotique du monde creuse un espace d'intelligibilité, en chacun de nous, pour y faire figurer aussi bien la demande incessante d'une élucidation de ce monde par une partie de lui-même, que de nous-mêmes, parce que nous y faisons partie intégrante, en fonction aussi de ce que nous y mettons. Quitte à frôler le paradoxe logique, cette réflexion s'adosse au « théorème de l'impossibilité », des « impossibilités » de tout trouver, pour ainsi dire, mais non absolues, qui se profilent à l'horizon de nos trous d'intelligibilité. Car, il faut admettre, tout de même, avec Morin qu'une image achevée du monde doit faire place à l'« inachèvement » en elle, qu'une complétude logique doit plutôt décrire la poursuite insatisfaite de sa perfection, qu'une approche totale de la complexité des êtres et des choses doit enclore le principe de sa fragmentation, qu'une conquête pleine de la réalité doit inclure le vide persistant à l'intérieur d'elle-même qui l'engendre et l'accueille avec raison.

Les intuitions révélantes d'une telle perspective de la pensée interstitielle se vérifient, en termes de conditions de possibilité d'une « ontologie des relations » révélatrice d'un nuage d'inconnaissance. Elles nous permettent d'envisager la naissance d'une philosophie de la reliance des connaissances, sous le paradigme régulateur de cette ontologie relationnelle des sciences, décontextualisée, comme « ombre » d'une nouvelle logique de la science, relative à la nécessité impérieuse de l' « ouverture » des sciences, grâce à un œil extra-disciplinaire, la mise en valeur des « empiètements et migrations interdisciplinaires », la circularité des « objets et projets inter-et-poly-disciplinaires », la construction des « schèmes cognitifs réorganisateurs », l'exigence transcendante ou autrement transcendantale d'aller toujours « au-delà des disciplines » pour viser « l'éco-disciplinaire et le méta-disciplinaire ».

Les enjeux découlent de la caractérisation de la complexité, en philosophie des sciences naturelles et sociales, dans le prolongement et le renouvellement de l'épistémologie complexe de Morin, au cœur d'une « crisologie »[1] qui reste encore à sonder. Ces enjeux, est-il besoin de le rappeler, portent sur les « reliances » des connaissances, sur « les relations » entre les scientifiques. Pour Bitbol, « *celles que nous posons lorsque nous concevons le monde comme un réseau interconnecté ; et celles qui, en vertu de cette conception, nous connectent étroitement au monde. Nous pensant nous-mêmes comme pris dans l'entrelacs des relations qui forment l'étoffe du monde*[2] ». Cette affirmation fait suite aux intuitions logico-philosophiques de Morin. Il tente de les promouvoir par son mot d'ordre ci-après : « *relier, relier ! Relier les connaissances, relier les êtres humains, relier les membres d'une même société, relier les sociétés les unes aux autres.* »[3] La constance de ces questions de médiations, et la consistance de cette hypothèse des nouvelles ouvertures entre science et philosophie, tiennent de son propre parcours à la lisière de la sociologie et de l'anthropologie de la complexité. Elles donnent à voir le caractère relationnel des méthodes, du contenu des théories scientifiques, et des connaissances philosophiques, artistiques, voire littéraires et écologiques.

Depuis toujours, la philosophie de la connaissance et l'anthropologie philosophique amènent l'homme à se comprendre, à s'appréhender et à appréhender sa destination ultime dans le monde et au sein de la société. Cela fait dire à Castoriadis Cornélius, en référence au grand philosophe antique que « *ce qui m'importe, ce ne sont ni les arbres, ni les pierres, mais les hommes vivant dans la société* »[4]. La réflexion sur les hommes dans la cité a conduit à assigner au philosophe un lieu dans le monde et un lien de parenté de substance avec les pierres, avec l'environnement donnant ainsi lieu à la philosophie de la nature, ou plutôt à ce que Michel Maffesoli[5] a cru nécessaire de qualifier « d'écosophie. »

---

[1] Edgar MORIN, *Pour une crisologie*, Paris, L'Herne, coll. « Carnets », 2016, p.40.

[2] Michel BITBOL, *De l'intérieur du monde. Pour une philosophie et une science des relations*, Paris, Flammarion, coll. « Bibliothèque des savoirs », 2010, p.9.

[3] Edgar MORIN, Tariq RAMADAN, *Au péril des Idées. Les grandes questions de notre temps*, « dialogue », Paris, Presses du Châtelet, 2014, p. 161.

[4] Castoriadis CORNELIUS, *Les Carrefours du labyrinthe*, Paris, Seuil, coll. « Esprit », 1978, p.147.

[5] Michel MAFFESOLI, *Matrimonium. Petit traité d'écosophie*, Paris, CNRS Editions, 2010, p.69.

Pareille idée est de nature à signifier, encore une fois, les considérations socio-philosophiques de la connaissance doublée de la « pensée écologisée » de Morin qui nous montre que « le développement techno-économique conduit à la dégradation de nos propres sociétés, de nos propres vies ». En fait, le plus important est de constater que le rapprochement et la confrontation des regards croisés sur des problématiques transversales sont révélateurs de l'ascension « *vers une écosophie,* dit-il, *pour reprendre l'expression de Felix Guattari, une sagesse collective et individuelle qui nous demande de sauvegarder notre relation avec la nature* »,[1] mais aussi avec autrui.

C'est dans le sixième tome de *La Méthode* que Morin évoque le changement socio-philosophique. Sa teneur théorique conduit à une sagesse anthropologique qualifiée par lui d'éthique de la reliance, mais sans mystification créatrice des concepts à l'instar de la « *Symbiosophie* », c'est-à-dire une « pensée interstitielle »[2]. Aussi, cette intention créatrice d'ouverture tirée des *Carrefours du labyrinthe* donne-t-elle lieu à une lecture cosmique de la société et à l'émergence d'une « cosmologie de la connaissance ». Morin est aussi fortement attaché à Karl Popper qui en donne une résonance tout à fait particulière dans le premier tome de *La Méthode* : « *Je crois personnellement qu'il y a au moins un problème (...) qui intéresse tous les hommes qui pensent : le problème de comprendre le monde, nous-mêmes et notre connaissance en tant qu'elle fait partie du monde* »[3]. Pour comprendre la nature humaine considérée par Morin comme un « *paradigme perdu* », il faut savoir ce qui importe, maintenant, dans cette nouvelle méthode. Ce n'est pas seulement l'étude des hommes et de leur cité, mais aussi l'idée qu'on ne peut pas séparer les hommes et leur cité des pierres et des arbres. Nous commençons aussi à savoir que l'inséparabilité entre « la nature de la nature », et « la nature de la nature humaine » est

---

[1] Edgar MORIN, *La Méthode 6. Ethique*, Paris, Seuil, 2004, p.177.

[2] Emmanuel BANYWESIZE, « Pensée interstitielle. Contribution critique d'Auguste Nsonsissa à l'épistémologie de la complexité d'Edgar Morin », Postface à *Transdisciplinarité et transversalité épistémo-logiques chez Edgar Morin, op. cit.*, p.319-322.

[3] Edgar MORIN, *La Méthode I. La nature de la Nature*, Paris, Seuil, 1977, p.9.

simplifiante. Car cette séparabilité serait en incompatibilité logique avec les « philosophies de l'environnement »[1].

En témoigne l'ouvrage de Raphael et Catherine Larrère dont le titre est : *Du bon usage de la nature. Pour une philosophie de l'environnement.* Les considérations « écosophiques » qui en résultent font de notre approche anthropo-philosophique de la connaissance un moment crucial de la reliance des connaissances. Cette perspective combinatoire des entités se prête théoriquement aux usages profondément contradictoires, parce que, depuis toujours, il y a débat entre les penseurs de la tradition grecque jusqu'à la fin du 20e siècle, avec la vogue croissante du réalisme structural et du concept de « principe organisationnel », censé régir l'émergence de phénomènes globaux *a priori* imprévisibles. Cela part de la philosophie ancienne en passant par le 18e siècle chez Leibniz, avec la question du statut relationnel de l'espace, puis chez Emmanuel Kant[2] dont la conception transcendantale de la connaissance révèle aussi une connaissance purement relationnelle, du moins entre le temps et l'espace comme formes *a priori* de la sensibilité.

Dans tous les cas, une pensée relationnelle se perçoit à chaque grande étape de l'histoire de la pensée humaine et de la philosophie. En témoignent le discours sur la connaissance du Sceptique modéré du nom de Sextus *Empiricus* ou de celui de l'ancêtre radical du scepticisme Pyrrhon. Par cette double relativité de la connaissance, il en résulte que « les objets ne sont connus que par le biais de leur relation à d'autres objets » et que « *la pensée ne s'occupe pas des choses telles qu'elles sont (...) en elles-mêmes, mais de la représentation mentale que nous avons d'elles* »[3]. Nous ne pensons pas la reliance comme quelque chose qui s'installe seulement comme thème de discussion anthropo-philosophique, entre les penseurs modernes et postmodernes, il y a encore une autre motivation qui nous anime pour étudier les articulations disciplinaires en question ;

---

[1] Catherine et Raphael LARRERE, *Du bon usage de la nature. Pour une philosophie de l'environnement*, Paris, Flammarion, coll. « Champs-Essais », 2009, p.19.
[2] Emmanuel KANT, *Opus postumum*, trad. franç., par François Marty, Paris, PUF, coll. « Epiméthée », 1986, p. 132.
[3] Michel BITBOL, *op. cit.*, p. 10.

celle d'une complexité comme concept transcendant de la recherche scientifique.

L'objectif de la philosophie de la reliance est donc de montrer que dans la vie de l'homme, et même dans celle de l'homme de science ou du savant, créateur des théories, « il y a des choses qui dépendent de nous et celles qui ne dépendent pas de nous ». Conscient de cet écart différentiel entre le sujet connaissant et le monde inconnu, la pertinence philosophique des idées anthropologiques de Morin trouve son point d'élévation dans ce qu'il a cru pouvoir appeler « *une éthique de la reliance* ». Son parcours anthropologique de la connaissance illustre parfaitement une « anthropologie complexe » affinée par la portée éthique de la connaissance quand elle plonge ses racines dans la recherche philosophique et historique de la connaissance, elle apparaît comme un « hommage lointain » aux premiers philosophes-penseurs grecs qui ne connaissaient pas de frontière stricte entre la science et la philosophie.

Alors, nous avons choisi d'examiner ce qui « *se situe au noyau central de son œuvre. Ce noyau on peut l'appeler épistémologique, on peut l'appeler logique, on peut l'appeler paradigmatique selon l'angle de vue. De toute façon, il s'agit de la connaissance de la connaissance.* »[1] L'approche anthropologique de la connaissance qui se déploie dans un ensemble vaste et divers de pensée, autonome et critique[2] est inhérente à la philosophie. La synthèse des travaux de Morin, loin d'être un simple élargissement conservateur de *La Méthode* est, plutôt l'exposition d'un point critique de l'exposé systémique de sa propre vision de la « méta-connaissance » qui est de nature circulaire et circulante. Parce que le but poursuivi dans ce livre consiste à mettre en avant quelques intuitions de se garder de faire des reliances des connaissances de Morin le substitut des essences rejetées par les positivistes. Nous avons cherché à

---

[1] Edgar MORIN, Préface à Auguste Nsonsissa, *Transdisciplinarité et transversalité épistémo-logiques chez Edgar Morin,* Préface d'Edgar Morin, coll. « Ouverture philosophique », Paris, L'Harmattan, 2010, p. 9.

[2] Auguste NSONSISSA, *Pensée et composition des pensées chez Frege*, coll. « Fondements de la philosophie contemporaine des sciences », Paris, Dianoia, 2014, p. 45.

promouvoir la reconnaissance du statut purement régulateur des sciences.

Après l'avoir créditée d'exceptionnelles qualités heuristiques au double sens positif et négatif de la méthodologie complexe de Morin, nous pensons appliquer cette pensée interstitielle aux sciences du complexe. Chez lui, philosophie et anthropologie ne sont pas cloisonnées. Plutôt, des « approches bio-logiques, éthologiques, et psychologiques sont-elles vraiment en corrélation » ? Répondre à cette question revient à mettre en avant la méthodologie complexe que nous avions choisie d'appliquer à ce travail, et ce, entre « contextualité » et « équi-contextualité » des connaissances.

La philosophie de la reliance des sciences ainsi envisagée s'inscrit donc en droite ligne de la dynamique d'une « épistémologie complexe » en acte, c'est-à-dire toujours en mouvement récursif avec des considérations méthodologiques sur « l'anthropologie cognitive »[1]. Pour le dire autrement, Morin pose la question ci-après : « quelle place l'anthropologie occupe-t-elle dans cette recherche de l'unité de l'homme ? ». Il est judicieux de constater que le philosophe français va au-delà de ces considérations anthropologiques de la connaissance. Les conclusions qu'il en tire sont liées aux problèmes des rapports entre « science, éthique et société ».

En articulant la méthodologie dialectique et la méthode dialogique nous voulons montrer philosophiquement que la complexité comme médiation exerce une fonction heuristique d'articulation des sciences à première vue opposées, mais complémentaires et associées en même temps. Cette association d'approches complexes fait resurgir la pensée complexe, c'est-à-dire la retenue rationnelle, la quête de la cohérence du propos, mais aussi la perplexité interrogative de la marche de la science. Nous la retenons, parce qu'elle favorise ainsi le sens de la nuance dans l'analyse des théories et le partage

---

[1] Edgar MORIN ne néglige pas la dimension philosophante de l'anthropologie. Mais il est imprudent de s'en tenir à l'aspect « fondamental » qui ressortit à la lecture d'un des ouvrages collectifs auquel il a participé qui s'appelle : « *L'Unité de l'homme 3. Pour une anthropologie fondamentale*, Paris, Seuil, coll. « Points », 1974, p. 9. Plutôt, le préfixe « Pour » est évocateur de « projet ».

délibératif des critères de scientificité. Il y a là une démarche proprement philosophante qui revient chaque fois à remettre la pensée complexe en marche lorsqu'elle encourt le risque d'être paralysée en doctrine ou qu'elle suit des ornières trop creusées, à faire voler ses thèses en éclats.

Pour avoir remarqué cette rationalité procédurale de la complexité en devenir, nous pensons qu'elle occupe une place centrale dans le propos « nucléaire de *La Méthode* » de Morin. Il nous paraît justifié méthodologiquement de souligner que c'est exactement ainsi, en tant qu'escale, échelon ou relais dans les médiations, qu'on devrait comprendre l'intelligence de l'ensemble de la symbiosophie en perspective, et ce, entre le global et le local[1].

Pour la caractériser rapidement, cette méthodologie complexe décrit, à notre humble avis, plusieurs familles d'organisations plurirégionales de la connaissance. C'est dire que pluri-régionalité et relativité des normes méthodologiques vont de pair. En essayant de spécifier de manière quelque peu fondée en raison ce genre de réseau d'associations de connaissances, nous faisons de la relation « d'équi-contextualité » une sorte de reliance d'équivalence logique. Cette relation « d'équi-contextualité » se veut immanente à l'idée qu'elle représente la trace qu'aurait pu laisser la relation d'équivalence logique, toujours au conditionnel irréel, une relation transcendante, ou autrement transcendantale. Elle se veut réflexive, autoréflexive, a-symétrique et transitive.

Mais on peut aussi entrevoir effectivement, les contextes imparfaitement définis ; des régions de chevauchement harmonieux entre eux. Dans ce cas des propositions (connaissances) p et q ; ainsi que q et r peuvent être « équi-contextuelles » deux par deux, sans que q et r le soient. Cette nuance hypothétique consubstantielle à la condition additionnelle de spécification stricte que nous avons

[1] Abdoulaye Elimane KANE est un philosophe sénégalais publie chez l'Harmattan, Paris, 2015, dans la collection « Etudes africaines » un ouvrage : *Penser l'humain. La part africaine*. Cet ouvrage présente l'homme comme « ce signifié ultime » au cœur de la pensée africaine. L'auteur procède à une investigation philosophique sur les objets aussi variés que les mythes et les cosmogonies ; la conception et l'organisation de l'espace-temps, la nature et la fonction, le sacré et le profane.

entraperçue à travers cette symbolisation logique, renvoie *ipso facto* aux régions de chevauchement des associations bissectrices de connaissances et aux contextes de justification et de découverte. Ce genre de piste donne à penser le consentement à la fragmentation de la connaissance, mais contrevient à l'idéal régulateur d'unification des savoirs ; un idéal qui donne aussi l'image d'un seul point focal appréhendé relativement à plusieurs angles de vue. L'interprétation relativisante de la « pluri-contextualité » ne fait pas directement signe vers des relations inaperçues.

En revanche, elle se substitue à elles dans le cadre théorique de la réorganisation topologique du champ des savoirs modernes et de leurs rationalités postmodernes. La reliance n'est pas unique. La « pluri-contextualité » est une norme régulatrice de la relationalité qui permet de rendre raison de la partition justifiée de l'ensemble de connaissances, et ce sur fond de critères épistémiques, le tout dans un environnement méthodologique et conceptuel non restrictif de la science. Elle se comprend à travers des familles d'organisations. Les organisations plurirégionales de la connaissance humaine. Elles vérifient l'hypothèse mesurée de leur relation exclusive aux instruments conceptuels et présupposés métaphysiques qui leur sont associés[1]. Quel est alors le sens de la problématique qui s'y pose ?

La pensée complexe travaille en fait aux conditions de possibilité de la reliance des connaissances : « *Qu'est-ce qu'exactement une organisation plurirégionale de la connaissance, et en quoi pointe-t-elle vers le caractère relationnel de cette connaissance* ? »[2] Cette problématique enveloppe le scepticisme heuristique qui agite les chercheurs en sciences, leur aptitude rationnelle à trouver l'équilibre hors d'équilibre dans une révolution paradigmatique discontinue, mais sans trêve intellectuel de leurs prémisses, de leurs représentations, qui, elles-mêmes demandent à être surmontées. Puisque dans le premier tome de *La Méthode* Morin souligne très bien que « la nature de la nature humaine se trouve dans la nature ».

---

[1] Gabriel GOSSELIN, *Les nouveaux enjeux de l'anthropologie : autour de Georges Balandier* (dir.), Paris, L'harmattan, coll. « Logiques Sociales », 1993, Avant-propos, p. 11.

[2] Michel BITBOL, *op. cit.*, p. 93.

Par ce biais, nous cherchons la voie qui mène vers une philosophie et une science des reliances. Il s'agit de la relation transversale fondée sur sur la complexité des rapports du sujet connaissant et du monde de l'inconnu, les relations cognitives et l'épistémologie transcendantale, la relation latérale comme critique du modèle monadique de la connaissance scientifique. Ce qui est en jeu c'est le cercle vertueux des relations en tant qu'enchevêtrement des théories de la complexité : la chaologie moderne, le catastrophisme, la thanatologie, la théorie rationnelle de l'imagination, etc.

Il apparaît que la structure de notre sujet de recherche met en relief la corrélation qui est considérée anthropo-philosophiquement. L'émergence des théories relatives aux formes complexes est rendue intelligible sur un mode relationnel des sciences. Qui plus est, l'aporie des propriétés émergentes aux relations émergentes au cœur de l'humain est l'esquisse d'une pensée interstitielle mise en exergue. La pensée de (la) reliance est la réflexion qui se résume finalement à la deuxième question régulatrice ci-après : quelle est la place et la signification de la philosophie dans l'exigence anthropo-sociologique de la connaissance ? En termes inverses, la philosophie et l'anthropologie se complètent-elles ou, au contraire, s'excluent-elles ?

Au cœur d'une telle œuvre se décline *La Méthode*. Cette question apparemment simple ne peut recevoir une réponse claire et rapide. La réflexion de Morin est donc un décryptage effectif des réflexions philosophiques sur les différences, les différends et les niveaux des médiations épistémologiques complexes ; sans céder ni aux facilités de l'air du temps, ni aux injonctions de l'actualité des chiffres. Cette occurrence trouve sa justification dans un récent ouvrage de Morin[1] d'où il ressort que « *nos connaissances sur l'humain, sur la vie, sur l'univers, sont en pleine expansion. Elles sont aussi séparées et dispersées. Comment les relier ? Comment affronter des problèmes*

---

[1] Edgar MORIN, *Penser global. L'humain et son univers*, Préface de Michel Wieviorka, Robert Laffont/Editions de la Maison des Sciences de l'homme, coll. « Interventions », septembre 2015. (Ouvrage issu des six conférences prononcées par l'auteur entre 2013 et 2014, dans le cadre du Cycle de Conférences « Penser-Global », Co-organisé par le Collège et l'Université Paris 1 Panthéon-Sorbonne.)

qui sont tout à la fois complexes, fondamentaux, intellectuels et vitaux ? Comment nous situer dans l'aventure de la vie et dans celle de l'univers, en tenant compte du fait que l'humain est intérieur à l'univers et que l'univers est intérieur à l'humain ? »[1] Ce questionnement et sa réponse éclairent la symbiosophie, en suivant le « rythme du monde », avec ses « modes, crises, révolutions »[2].

L'enjeu de cette pensée reliante vise à lever quelques malentendus déjà entendus autour des considérations sur l'homme et le monde. A notre sens, la relation entre les sciences de l'homme et les sciences de la nature susceptible de faire l'objet d'une réflexion philosophique transdisciplinaire, au cœur d'une épistémologie complexe. Mais celle-ci n'est pas séparée de la « crisologie »[3]. Ce questionnement procède d'une épistémologie comparative avec pour corollaires les problématiques liées à l'humanisme, l'antihumanisme, le post-humanisme[4], le trans-humanisme[5]. Son intérêt philosophique réside dans la question de la « rationalité humaine comme conséquence de son uni-dualité entre la nature et la culture ». Il est dialogique parce qu'il y a, aujourd'hui, plusieurs façons opposées et symétriques de nier la spécificité humaine à partir du positivisme.

Or Gilbert Hottois pense que l'humain se complexifie en se prêtant maintenant à des préfixes : « ab-humain, inhumain, para-humain, pré-humain, proto-humain, sub-humain, surhumain, trans-humain, post-humain », etc. Dans la même veine Morin affirme que « *l'homme est naturel par culture, parce qu'il est culturel par*

---

[1] *Ibid.,* Résumé. 4è couverture

[2]Edgar MORIN, *Au rythme du monde. Modes, crises, révolutions, Décrypte un demi-siècle d'histoire contemporaine*, Paris, Editions Archipoche, 2014, p. 85.

[3] Auguste NSONSISSA, *Réflexions épistémologiques sur la Crisologie,* Préface du Professeur Charles Zacharie Bowao, coll. « Ouverture philosophique », Paris, L'harmattan, 2014. Où nous avons essayé de montrer que depuis 1976, Edgar Morin constate que le mot « crise » signifie à l'origine une résolution opérée par prise de décision. Elle a une signification socio-philosophique qui remonte à Edmund Husserl dans *Krisis* dont l'usage exprime désormais son contraire, une situation de fragilité caractérisée par l'indécision.

[4] Gilbert HOTTOIS, *Encyclopédie du trans/posthumanisme. L'humain et ses préfixes*, Paris, 2015, p. 17.

[5] Frédéric NEYRAT, *Homo Labyrinthus. Humanisme, antihumanisme, posthumanisme*, Paris, Editions Dehors, 2015, p. 117.

nature »[1]. Il analyse les critiques adressées par les philosophes contemporains sur l'état de la question complexe de l'humanité.

Il y en a fort peu de philosophes, en revanche, qui méditent encore sur la manière dont ces doctrines invitent à réfléchir à la nature, aux limites et aux transformations de l'être humain qui devient maintenant « *Homo labyrinthus* ». Pareille expression de la complexité humaine est à la fois un monde ouvert qui s'esquisse et une voie nouvelle qui nous fait entrer dans le labyrinthe de la nature humaine, c'est-à-dire dans la complexité[2] de l'être humain. Cette complexité humaine conduit aux considérations philosophiques et épistémologiques sur la reliance des connaissances humaines et naturelles, de l'Antiquité[3] jusqu'à nos jours.

De ce qui précède, comment ne peut-on pas étudier la signification et la place de la philosophie de la connaissance dans le cadre théorique des médiations épistémologiques ? Le problème ainsi posé ne l'est que pour « repenser la réforme et réformer la pensée ? »[4] Cette nouvelle pédagogie instaurée par Morin tient dans la quête du savoir et renvoie pour le coup à Platon en ces termes : « *L'étranger : Excellent ami, s'évertuer à séparer tout de tout est une chose non seulement discordante, mais c'est aussi méconnaître les Muses et la philosophie. L'étranger : c'est la plus radicale manière d'anéantir toute argumentation que de séparer chaque*

---

[1] Edgar MORIN dit plutôt que " l'humain est un et multiple." L'homme n'est ni bon, ni mauvais. Il a toutes les possibilités en lui. En chacun il y a les pires et les meilleures, qui peuvent s'exprimer selon les conditions dans lesquelles il se trouve. », *op. cit.*, p.33.

[2] Lucien SEVE avertit, s'agissant de la complexité que. « Les définitions en sont souvent multiples, et on a compté jusqu'à 52 définitions différentes du mot « complexité », ce qui illustre l'absence d'un corpus théorique associé à ce terme-problème similaire pour le mot « chaos ». Il s'agit de mots trop chargés sémantiquement pour prendre un contenu scientifique clair (…), Le terme de complexité, lui aussi extrêmement riche de connotations idéologiques, est souvent revendiqué par ceux qui s'intéressent à l'aspect transdisciplinaire de l'application de ces découvertes. Cf. *Emergence, complexité et dialectique. Sur les systèmes dynamiques non linéaires*, (dir.) Janine Guespin-MICHEL, Paris, Odile Jacob, 2005, p.17.

[3] René A. GAUTHIER, *La morale d'Aristote*, Paris, PUF, 1963, p. 4.

[4] Edgar MORIN, *La tête bien faite*, Paris, Seuil, coll. « l'histoire immédiate », 1999, p. 99.

chose de toutes les autres, car la raison nous vient de la liaison mutuelle entre les figures »[1]. Cela dit, Platon cité par Morin anticipe sur le problème épistémologique de la reliance des connaissances. Elle remonte effectivement aux époques inaugurales de la philosophie elle-même. Car la philosophie et l'anthropologie sont recherchées à bref intervalle l'une de l'autre depuis Aristote[2]. La reliance des connaissances appelle donc la plurirégionale des connaissances. Cette idée n'est pas aussi une question neuve. En effet, c'est le cas dans le *Théétète* de Platon, où le personnage de Socrate commence par inviter ses interlocuteurs à « penser », vraiment, en tâchant de définir ce qu'est la connaissance Sur *la* connaissance ; par-delà *les* connaissances énumérées. Pour comprendre cette thématique qui donne corps à notre entreprise critique, il faut ouvrir l'énonciation de notre sujet de recherche à nouveau frais à un passage du *Théétète* de Platon : « *Socrate : En vérité, Théétète, l'objet de ma question, ce n'était pas cela : ni de savoir à quoi s'applique la connaissance, ni de savoir combien il y a de sortes de connaissances (...), mais, à l'égard de la connaissance, de discerner ce que cela peut bien être en soi (...)* »[3]. Donnant suite à ce que serait l'aboutissement d'une pensée épistémologique de la reliance, nous en tirons le meilleur parti non seulement pour critiquer le « holisme épistémologique », mais aussi pour essayer de déchiffrer le sens du procédé d'interlocution dialogique des sciences autour de la question de la vérité encore discutée de nos jours.

La complexité de la vérité dont s'est fait l'écho le philosophe Friedrich Nietzsche[4] n'invite pas à la pause dogmatique de la pensée complexe qui se conçoit plutôt en marchant. Parvenu à ce niveau d'analyse, Morin est non seulement poppérien du point de vu épistémologique, mais aussi disciple non platonicien de Platon en rapport avec sa conception de la philosophie comme « science de l'universel ». En effet, dans l'optique de la dialectique platonicienne

---

[1] PLATON, cité par Edgar MORIN *Relier les connaissances*, Paris, Seuil, 1999, p. 5.

[2] ARISTOTE, *Politique*, tome II, deuxième partie, Livre V-VI, trad. franç., par Jean Aubonnet, Paris, Les Belles Lettres, 1973, p. 85.

[3] PLATON, *Théétète*, 146 d-e.

[4] Friedrich NIETZSCHE, *Ecrits posthumes* 1870-1873, trad. de l'allemand par Jean Louis Backes, Paris, Gallimard, 1973, p. 167. « La passion de la vérité ».

chaque définition du concept, chaque thèse affirmée, passée au crible de la réflexion critique qu'elle ait été finie ou pas se prête à la réfutation. A preuve supplémentaire, le texte illustratif du « *Théétète se termine par une suspension de l'enquête et du jugement, entre la perspective de nouveaux développements et un fruit immédiat pour l'existence humaine : la modestie de celui qui sait ne pas savoir* »[1]. Cette considération philosophique sur la quête de la connaissance vraie ouvre des perspectives depuis que l'homme tente de sortir de la caverne. Martin Heidegger a eu beau jeu d'évoquer à juste titre « la doctrine de Platon sur la vérité »[2].

Quant à la « symbiosophie » qui se situe à un autre registre, et dont Morin vise l'instauration du point de vue métathéorique, elle est une prise de conscience des projections sur l'anthropologie de la connaissance. Mais elle est l'objet d'une investigation philosophique au moyen d'une entreprise de « décolonisation », qui plus est, de « re-conception » de la philosophie de la reliance ; témoignant ainsi l'âge de la rationalité ouverte. C'est l'âge de la « décolonisation mentale » qui procède d'une « déconstruction-construction » des systèmes conceptuels philosophiques obsolètes et scientifiques à partir desquels les positivistes rejettent les autres domaines de la connaissance humaine[3].

En fait, repenser des rapports entre les connaissances, les cultures, les sciences, sous un paradigme non classique revient à en re-articuler le sens, moyennant un comparatisme méthodologique qui sait que la relation à l'autre type de connaissance scientifique passe par le conflit et la hiérarchie, mais qu'il importe de gérer de façon harmonieuse. Dire que « les autres » sciences, connaissances, cultures, ne comptent pas revient en fait à prendre le soin d'éviter la réduction de toute entreprise cognitive critique à un exotisme, fût-il généreux. Plutôt, c'est un acte épistémologique non classique qui tend aussi à postuler les nouvelles articulations de sens. C'est là une vraie difficulté philosophique qui laisse penser une traduction

[1] Michel BITBOL, *op. cit.*, p. 672.
[2] Martin HEIDEGGER, « La doctrine de Platon sur la vérité », in *Question* II, trad. de l'allemand par Jean Beaufret, Paris, Gallimard, coll. « Classique de la philosophie », 1968, p. 137.
[3] Edgar MORIN, *Sociologie*, Paris, Fayard, 1984, p. 17.

possible des nouvelles formes de sociabilités, au triple plan éthique, esthétique et philosophique.

De la sorte, on tente ainsi de pénétrer la complexité scientifique[1], ainsi que celle des sociétés qui marquent la différence entre les « relations entre les choses », et les « relations entre les hommes ». Cela permet donc au philosophe, par exemple, d'interroger ses représentations tout autant que celles des sociologues et des anthropologues[2]. Pour ce faire, la « décolonisation conceptuelle » de la philosophie consiste à « tester » la validité des concepts philosophiques, la teneur théorique des domaines scientifiques dont la récurrence argumentative dans la pensée complexe de Morin incite naturellement à s'engager davantage dans la réflexion critique sur une approche transdisciplinaire nouvelle. Plus explicitement, nous devons mettre en avant un nouveau réseau des langages[3] scientifiques et philosophiques qui se prêtent à des difficiles définitions de la science, et du monde. Bien plus, des théories et des systèmes de complexité dominent dans la littérature contemporaine. Ces voies concernent la mouvance de la pensée scientifique suite à l'évènement des théories épistémologiques comme la « chaologie » ou la théorie du chaos, la théorie de la complexité ou théorie des systèmes dynamiques non linéaires, la « catastrophologie » ou la théorie des catastrophes, la théorie de l'imagination, la « thanatologie », la « crisologie »[4]. Aussi peut-on évoquer d'autres préfixes moins fréquemment employés à l'instar du posthumanisme/ trans-humanisme[5], etc., en raison de ces différentes possibilités du

---

[1] Louis de BROGLIE, *Matière et lumière*, Paris, Albin Michel, coll. « Science d'aujourd'hui », 1937, p. 35.

[2] Christian DESCHAMPS, (dir.) *Philosophie et anthropologie*, Paris, Editions du Centre Pompidou, 1992, p. 9.

[3] Renaud BARBARAS, *Le tournant de l'expérience. Recherches sur la philosophie de Merleau-Ponty,* Paris, Vrin, coll. « Histoire de la Philosophie », 1998, p. 183

[4] Edgar Morin, *Pour une crisologie*, Paris, L'Herne, 2016, p. 21.

[5] Edgar MORIN, *Penser global, op. cit.*, p. 107. « Une dé-mortalité suppose l'existence d'un posthumain dote de nouveaux pouvoirs, d'un nouveau développement de son esprit-/cerveau : s'il y a quelque chose qui va rester de l'humain, c'est son effectivité, sa sensibilité. La transhumanité ne nous enlèvera pas notre capacité à ressentir, la joie, l'amour, l'amitié. Cela n'est qu'une des alternatives possibles du post humain, celle de la robotisation en est une autre. »

réel qui réactivent en quelque manière le rêve d'immortalité de l'âme qui nous hante toujours[1].

Le caractère philosophique nouveau et pluridisciplinaire de ces concepts impossibles[2] est toujours à construire. De fait, toute compartimentation entre la philosophie et l'anthropologie autour de la connaissance de la complexité n'a plus cours. Aussi est-il évident que chacun de ces aspects de pensée complexe articulée se rapporte, de façon plus ou moins précise, à un domaine spécifique dans le champ des connaissances.

Selon Morin ce dernier étudie le cheminement de la pensée scientifique contemporaine vers la complexité, c'est-à-dire la mise en avant des sciences du complexe. La reliance est donc cette éthique de la connaissance. Elle se veut ouverte car elle montre que rien ne se laisse enfermer de façon étroite dans un domaine de compétence donné. De la reliance des sciences à la société ouverte et libre, il paraît pertinent de justifier, dans ce sens, la décolonisation conceptuelle de la philosophie pure. Ainsi se trouve mise en question la dichotomie des savoirs. Cela apporte un coup de plus, à notre humble avis, au décloisonnement de « l'Universel de Surplomb » ; sous le prétexte théorique que la philosophie serait historiquement « la mère des sciences ».

Pourtant, elle est aussi servante des autres sciences tant sociales que naturelles. La quête de la complexité nous invite à rechercher un « Universel latéral »[3], c'est-à-dire l'acte de philosopher en contexte « de penser ailleurs ». C'est le fait de comprendre que nulle discipline scientifique n'a le monopole sur les autres, ni de la philosophie, ni de la rationalité. Pour ces raisons, « toute connaissance est connaissance de reliance des connaissances ». D'après Morin, la connaissance complexe est à la fois « ouverture »[4]

---

[1] Valérie SOUFFRON, *Edgar Morin. L'homme et la mort, Pour une anthropologie de la mort, suivi d'un entretien avec Edgar Morin*, Paris, Ellipses Editions, 2013, p.39.

[2] François WALTER, *Catastrophes. Une histoire culturelle XVIe-XXIe siècle*, Paris, Seuil, 2008, p. 317.

[3] A propos du statut de l'Universel, voire, Maurice Merleau PONTY, *Eloge de la philosophie*, Paris, Gallimard, coll. « Folio essais », 1960, p.132-133.

[4] Edgar MORIN, *La méthode* I, Paris, coll. « Points », Seuil, 1977, p. 205.

à l'autre, mais aussi et surtout « ouverture de l'ouverture » d'une science à l'autre, d'un paradigme à l'autre, etc. Cela étant notre position sur l'état de la question des articulations est anthropologique de la connaissance chez Morin qui collabore avec la philosophie comme science et comme éthique. De cette manière, on en arrive à avoir un point de vue objectivement transversal sur l'humain et sur la science. En effet, mettre en œuvre la démarche anthropologique des sciences ouverte ne voudrait pas dire réduire la philosophie à l'anthropologie de la connaissance. A l'évidence, la philosophie de la reliance ne vise pas à diluer la philosophie dans l'anthropologie ; *vice versa.* Encore moins elle ne conduit pas à minimiser la conjonction entre les sciences sociales et les sciences exactes[1]. Plutôt, chaque science se vaut.

Il importe donc d'élaborer une approche « transactionnelle » de la connaissance scientifique, c'est-à-dire étudier la science dans sa « complexité essentielle ». Le discours philosophique peut être prédéterminé par ce qui lui est différent ; tout comme il est possible qu'il soit co-déterminé par les autres formes de discours scientifique, ou surdéterminé par son influence tout à fait relative sur les « formes de vie »[2] non objectivables. Mais, il faut l'envisager au sens où les sciences naturelles ont un versant humain. L'anthropo-philosophie de la connaissance ne refuse pas le « mélange » avec les sciences de la nature au nom de la reliance. La médiation du philosophique et du non philosophique se fonde sur la critique de la démarcation du naturel et du culturel. Cela pousse Michel Serres[3], en particulier à

---

[1] Cette nuance hypothétique nous la devons à Karl Popper au sujet de « l'unité de la méthode » lorsqu'il avertit : « Je ne prétends pas qu'il n'y ait aucune différence d'aucune sorte entre les méthodes des sciences théoriques de la nature et celles de la société ; de telles différences existent clairement, même entre les diverses sciences naturelles elles-mêmes aussi bien qu'entre les diverses sciences sociales. » Cf. *Misère de l'historicisme*, trad. franç., d'Hervé Rousseau, révisée et augmentée par Renée BOUVERESSE, à la demande de Sir Karl POPPER, Paris, Plon, 1956, p. 164.

[2] Cela veut dire que dans le fond, nous prenons une position tout à fait extérieure, afin de pouvoir voire la réalité humaine et sociale un peu plus objectivement. Cf. Ludwig WITTGENSTEIN, *Remarques mêlées*, trad. franç., Paris, Garnier-Flammarion, 2002, p. 98.

[3] Michel SERRES, *Le contrat naturel*, Paris, Flammarion, coll. « Champs », 1992, p. 67.

souligner tout justement l'aspect religieux ou dogmatique de la séparation entre les connaissances, plutôt à élaborer un « contrat naturel » ou la passerelle « de la nature à la culture »[1]. Les recherches actuelles en anthropologie philosophique intègrent les critiques contre l'anthropologie culturelle et sociale.

Ces critiques sont constructives, elles vont au-delà de la conception autarcique du philosopher au cœur même des sciences anthropo-sociales. Plus même, « l'universalité latérale » pour laquelle nous plaidons donne à l'anthropologie philosophique ouverte un autre contenu de la connaissance scientifique. Celui de l'étude du vivant en rapport avec l'anthropologie sociale ou culturelle. Celle-ci est souvent caractérisée par son aspect empirique et souple bien marqué. Elle se définit assez souvent parce que les spécialistes appellent « le terrain »[2], c'est-à-dire l'expérience personnelle de l'enquête sur place impliquant la part humaine du chercheur.

Cependant, au risque d'être tendancieuse, cette « anthropologie complexe »[3] travaille à retrouver dans le « quotidien », dans les formes symboliques, et dans les pratiques ostracisées dans l'imaginaire au sens de Castoriadis Cornélius[4] ; ainsi que dans les utopies du monde de Thomas Moore. Cette logique combinatoire

---

[1] Michel SERRES, *Les origines de la géométrie*, Paris, Flammarion, coll. « Champs », 1993, p. 113.

[2] Luc FERRY, Alain RENAUT, La pensée 68. *Essai sur l'antihumanisme contemporain*, Paris, Gallimard, 1985, p. 70.

[3] A l'opposé d'une conception positiviste des sciences sociales, dans laquelle il n'y a pas de négativité, se trouve l'anthropologie complexe dont Morin vise l'instauration. Généralement, l'anthropologie s'est constituée, en particulier l'anthropologie française, comme l'étude du fait social, du faire social, c'est-à-dire de l'acte simple. Pareille simplicité s'entend, parce qu'un fait social consiste à isoler et à découper des objets, et si, avec Marcel Mauss, l'anthropologie a travaillé le social en train de se faire, elle ne s'est pas intéressée à sa défection. L'anthropologie classique s'est construite au moyen du concept. Mais elle n'a pas envisagé de le défaire. Seul existerait le fait social simple, et non pas ce qui le défait et le détruit, la défection, la déception, la dépression. Avec Morin, l'anthropologie se veut complexe, c'est-à-dire elle s'attache non plus seulement à l'agir communicationnel humain, mais au pâtir et au passif, bref., ce que l'humain peut subir.

[4] D'après MORIN, la pensée de CASTORIADIS s'affirme à partir de *L'Institution imaginaire de la société*, Paris, Seuil, 1975.

révèle donc une historicité de la rationalité complexe en pleine mouvance dans l'élaboration de la « *symbiosophie* » en perspective. Dans cette perspective complexe, l'autonomie absolue de la science ne prévaudrait plus. Le principe d'autonomie/dépendance est mis en relief. On pense à Gilles Deleuze[1]. Il conviendrait de promouvoir non plus une cohérence entre les connaissances par l'exclusion ; celle de la logique classique du tiers-exclu, mais un dynamisme par « flexions » à schèmes multiples, celui que mobilise la logique non classique du tiers inclus. De la sorte, ce n'est pas le sens plein ou l'absurde qui est déchiffré, mais le sensé ; non pas seulement le rationnel ou l'imaginaire, mais aussi l'intelligible, la norme et le possible, non pas l'objectivation distante ou la subjectivation immersive ; mais également le caractère capacitaire à demeurer un être de pivot.

Quelques questions se posent alors : quelles sont les complexités qui se terrent « en creux » de notre connaissance et de notre quête d'intelligibilité ? Quelles sont celles dont les simplicités sont effacées quand on les aborde avec des outils conceptuels et les normes méthodologiques empirico-formelles ? Comment peut-on prendre la mesure de ce qui, chemin faisant, apparaît comme démesuré ? Comment faire science de ce qui se caractérise par du singulier ? Autrement dit : n'y a-t-il de science que du complexe ? Quelles sont les complexités qui semblent « aller de soi » pour tous, parce qu'un processus de complexification ou de simplification a déplacé l'échelle de la détermination des êtres et des choses aux chaos ? Quelles sont les catastrophes auxquelles l'esprit humain ne semble pas prêter attention sous prétexte qu'elles ne relèvent pas de notre imagination ? C'est à cette série de questions que notre sujet tente de répondre, en commençant par éclairer les malentendus déjà entendus sur le statut de la science du complexe.

L'articulation des sciences s'attache aux vertus de la « complexologie » où les intuitions philosophiques de la dialogique comme principe régulateur de la recherche sont déterminantes et cruciales. La première renvoie aux aspects philosophiques et

[1] Gilles DELEUZE, *Le pli. Leibniz et le baroque*, Paris, Les Editions de Minuit, 1988, p. 61.

approches épistémologiques des modèles « crisologiques »[1]. La deuxième est une série d'études sur le relativisme épistémologique des normes de la complexité et du chaos »[2]. La troisième vertu laisse dégager l'esprit du temps des catastrophes comme réouverture du débat sur la culture de la corrélation du certain et de l'incertain que nous avions acquise aujourd'hui, même en science physique[3].

Au total, l'enseignement tiré au terme de chaque étape de cet itinéraire sera qu'« une bonne part des difficultés de la théorie de la connaissance réside dans une tendance ancienne. Celle-ci est inaugurée par Parménide d'Elée, Penseur classique à qui on peut se référer pour comprendre comment dans la complexité de la pensée on peut suspendre le temps de son exploration et lui substituer le lieu d'une contemplation. Contre cette décision originelle, on devra reconnaître qu'aucun lieu n'est disponible pour acquérir une vue désengagée d'un cosmos fermé sur lui-même, monadique, achevé.

Par conséquent, la seule option consiste à se confier au temps de l'engagement, du contact, de l'intervention de l'homme dans le monde. Morin dit : « impliquons-nous »[4] à l'intérieur d'un monde se laissant anticiper par ceux qui l'habitent au moyen d'une suite ouverte de relations conjecturées »[5]. Tirant les conséquences de la problématique transversale ainsi posée, la pensée interstitielle laisse envisager une méthodologie complexe[6] qui est en résonnance avec la

---

[1] Auguste NSONSISSA, « La crisologie d'Edgar Morin ; une orientation de la rationalité au XXIe siècle », in *L'Afrique dans les bruissements du monde* (dir.) Pierre NZINZI, tome I, Paris, Descartes et Cie, 2019, p.231.

[2] Ilya PRIGOGINE, *Les lois du chaos*, Paris, Flammarion, coll. « Champs/science », 2008, p.16.

[3] Louis de BROGLIE, *Certitudes et incertitudes de la science*, Paris, Albin Michel, coll. « Sciences d'aujourd'hui », 1966, p. 108.

[4] Edgar MORIN (Sociologue et philosophe), vient de publier avec Michelangelo Pistoletto (artiste), *Impliquons-nous*, Paris, Actes Sud, 2015, p. 21.

[5] Michel BITBOL, *op. cit.*, p. 23.

[6] Quand Edgar MORIN dégage l'intelligence de cette méthode de la complexité, il en donne également des éléments historiques et théoriques : « La théorie des systèmes a été créée en 1937 par Ludwig Von Bertalanffy qui a élaboré la notion de « système ouvert » exposée dans General system Theory en 1968. Selon lui, un système est un ensemble, un tout composé de parties différentes les unes des autres, et plus il y a d'unité dans la diversité et de diversité dans l'unité, plus la complexité de ce système n'apparaît. (…) J'utilise le mot « organisation » aussi bien que le mot

dialogique pensante que Morin promeut. Cependant, la méthodologie appliquée à la philosophie de la reliance n'est ni un « discours de la méthode » au sens cartésien du mot, c'est-à-dire « pour bien conduire la raison et découvrir la vérité dans les sciences », ni une rhétorique de forme. Mais elle se veut une grille d'intelligibilité permettant de tester selon l'acception que Popper donne à ce terme, ou de vérifier, de légitimer et de rendre raison le déploiement effectif d'une doctrine, d'une théorie ou d'une tendance dans un texte ou un corpus donné.

« Le modèle de la découverte » selon l'expression de Hanson relative à la complexité épistémologique est une démarche théorique et méthodologique qui met au défi « la psychologie de la découverte ». Celui-là éloigne le chercheur particulièrement de l'écueil de « l'essentialisme méthodologique » critiqué par Karl Popper. Ce qui est visé effectivement c'est la méthode simplement comparative des auteurs ou des systèmes de pensée. Quant à la complexité, elle a pour visée la « médiature épistémologique » qui plaide pour une combinatoire des logiques de la conception des niveaux de scientificité et d'historicité des savoirs mis en jeu.

Il nous a donc paru inopportun de suivre la méthodologie classique. Parce qu'elle consiste à étaler simplement les savoirs et à exposer de façon unidirectionnelle les thèses défendues par les philosophes et ce, au moyen d'une compilation de points de vue émis par les auteurs convoqués dans ce travail. Le gain théorique de de type herméneutique[1] ou philosophique comme méthode de production du savoir et de l'élaboration des réflexions critiques est à la base de notre réflexion. Cela étant, à la lumière de l'explicitation

---

« système », parce que c'est l'organisation qui transforme l'ensemble des parties en un tout. William Ross Ashby a donné la première définition de la complexité en disant : « C'est le degré de variété d'un système. » C'est en fait l'unité d'une diversité qui rend inséparables deux termes qui se repoussent. La notion d'unité tend à rejeter celle de diversité, et inversement. Ce qui est intéressant, c'est que le propre de la nature humaine est son unité génétique, physiologique, anatomique, affective- (...) L'apparent paradoxe, c'est que l'unité crée de la diversité, mais que la diversité elle-même ne peut s'épanouir qu'à partir de l'unité. Cette idée est assez importante dans notre époque planétaire »,, *op. cit.*, p. 115.

[1] Paul RICOEUR, *Du texte à l'action. Essais d'herméneutique* II, coll. « Esprit », Paris, Seuil, 1986, p. 161.

d'une tendance qui est en quête sur un nouveau paradigme, c'est l'herméneutique de Paul Ricœur et de Christian Berner[1]qui nous intéresse. La symétrie méthodologique entre l'épistémologie complexe et l'anthropologie philosophique de la connaissance est ainsi établie par le jeu fertile de leur collaboration nourricière ou de leurs remises en cause réciproques et fécondantes.

Dans la « symbiosophie » se trouve l'articulation d'une anthropologie et d'une méthodologique philosophique de Morin, car sans elle l'épistémologie complexe en question serait pétrifiée, qui plus est une épistémologie complexe sans anthropologie philosophique serait béante. Comment peut-on alors s'y prendre ? A la suite de cette question, nous tenons à étendre cette approche complexe dans la philosophie de la connaissance à cette réflexion de la reliance des sciences. Ainsi, la méthodologie complexe nous installe fondamentalement au cœur des normes méthodologiques non classiques. Elles visent à rechercher ce qui est possible comme principe de l'espérance auquel s'attache le nouvel esprit scientifique. En témoignent « (l') héritage et (les) perspectives de l'Ecole de Francfort »[2] au sujet de la démarche anthropo-philosophique de l'étude de la société contemporaine. Que peut-on alors en penser ?

Dans la symbiosophie « la totalité est la non vérité. » Voilà une thèse que l'on peut faire valoir sur le plan méthodologique complexe pour tenter de mettre en avant les considérations philosophiques sur la pensée complexe comme « médiature » des sciences. La pensée d'Adorno est mise en exergue lorsqu'elle donne à penser la pensée selon laquelle « le tout est le non-vrai »[3]. En effet, c'est au fond une critique de la méthode hégélienne qui tend à donner à l'Esprit la prétention d'être une totalité fermée ou comme le souligne Hegel lui-

---

[1] Christian BERNER, « Le paradigme herméneutique du dialogue, entre l'écrit et l'oral », in *Cahiers de Logique et d'Epistémologie, vol. 20. Entre l'orature et l'écriture. Relations croisées* (dir.), College Publications Scientific, Individual authors and College Publications 2014, p.119.

[2] Pierre-François NOPPEN, « Le modèle marxien : matérialisme et critique chez Adorno », *Les Normes et le possible. Héritage et perspectives de l'Ecole de Francfort,* (dir.), Paris, Editions de la Maison des Sciences de l'homme, Paris, 2012, p. 113-137.

[3] Theodore W. ADORNO, *Minima moralia ; réflexion sur la vie mutilée*, trad. franç., E. Kaufhloz et J.-R. Ladmiral, Paris, Payot, 1980, § 29, p.64.

même : « Un cercle qui revient en lui-même »[1]. La critique de la totalité voudrait donc signifier cette prétention de l'Esprit visant à saisir rationnellement le monde qui est intenable. Adorno ajoute que toute référence « affirmative et assurée faite au tout-comme si on le détenait vraiment-est fictive »[2]. Ce qui est en jeu, ainsi, c'est la filiation de l'idéal d'un tout total- d'une société apaisée et inclusive. Pareille société ne subsiste, maintenant, que sous la forme d'un concept idéologique[3].

En conséquence, il n'y a pas de monde vrai à postuler par-delà le monde faux. La complexité du monde n'accorde le primat ni à l'un ni à l'autre aspect des choses. Repenser la notion de totalité du réel de manière à reconfigurer ce qu'elle peut et devrait être, revient aussi à reconnaître la complexité ontologique, c'est-à-dire la totalité et de la vérité. On l'aura compris, les motivations philosophiques qui président à la naissance de la première génération de l'Ecole de Francfort semblent s'attarder sur le point de vue d'Horkheimer, pour sa part, qui oppose à Hegel l'idée selon laquelle la dialectique est à comprendre comme ouverture, ou du moins, comme « non fermée »[4]. Ce philosophe propose une alternative de type dialectique à la clôture de la raison, lorsqu'il ajoute qu'« une théorie abstraite et définitive (…) isolée de la réalité est tout simplement impensable »[5].

Mais qu'elle est la place de la complexité dialogique dans la conception dialectique d'une réalité plutôt ouverte et décalée ? Que suggère donc cette ouverture au double plan dialectique et dialogique ? Effectivement, Adorno et Horkheimer se rejoignent sur ce point de complexité de la réalité à laquelle l'Esprit, pour autant qu'il est rationnel[6], ne saurait absolument accéder. Le sens de la réalité reste encore et toujours à déchiffrer. L'acte de penser ne

---

[1] G. W. F. HEGEL, *Phénoménologie de l'esprit*, trad. franç., J.P. Lefèvre, Paris, Aubier, 1991, p. 519. Voir aussi G.W. F., *Science de la logique*, trad. franç., S. Jankélévitch, Paris, Aubier Montaigne, 1947, t. 2., p. 571.

[2] Theodore W. ADORNO, *Trois études sur Hegel*, trad. franç., Collège de Philosophie, Paris, Payot, 2003, p. 324.

[3] *Ibid.*, p. 277.

[4] Max Horkheimer, *Théorie critique : essais*, Paris, Payot, 1978, p.183.

[5] *Ibid.*, p.292.

[6] Robert BRANDOM, *L'articulation des raisons. Introduction à l'inférentialisme*, Paris, Cerf, coll. « Passages », 2009, p.41.

consiste nullement à « fermer » définitivement le cercle du réel. La vérité transcende la nature changeante des évènements réels ; ainsi que celle de l'activité humaine. La logique des mondes[1] n'est pas la totalité des faits.

La complexité ontologique des « mondes »[2] s'entend donc au cœur de ce « plus », c'est-à-dire la part énigmatique du visible qui excède nos possibilités de conceptualisation. Le mot d'Adorno est très éloquent à ce propos : « *Il est indiscutable que l'être n'est pas simplement l'ensemble de ce qui est, de ce qui est le cas. D'une manière antipositiviste, une telle compréhension rend compte de l'excédent du concept sur la facticité. Aucun concept ne serait ni pensable, ni même possible sans « ce plus qui fait de la langue ce qu'elle est* »[3]. C'est dans cette perspective non classique de la science que s'inscrit notre travail. Il s'articule autour de deux axes fondamentaux. D'abord, étudier les références poppériennes dans l'œuvre de Morin. Elles reviennent à dire comment son épistémologie complexe y trouve ses racines et ses traces. Celles-ci se trouvent dans le « faillibilisme épistémologique » de Popper. Ensuite, nous mènerons quelques enquêtes sur un nouveau paradigme, celui de la complexité qui conduit à la nouvelle articulation des sciences. En conséquence les deux moments vont déboucher sur l'instauration de la « symbiosophie », doublée d'une pensée interstitielle en marche.

A tout bien prendre, c'est au cœur de l'histoire et la philosophie contemporaine des sciences que se dessinent de nombreuses variantes de ces articulations qui sont envisagées dans ce travail. C'est-à-dire que là où le rationnel et le raisonnable fonctionnent à l'unisson, on devrait pouvoir penser la combinaison des sciences humaines ou sociales et les sciences naturelles. On peut aussi penser promouvoir, pour le coup, le décloisonnement conceptuel de la

---

[1] Alain BADIOU, *Logique des mondes. L'être et l'évènement*, Paris, Seuil, 2007, p.56.

[2] Auguste NSONSISSA, *Refaire le(s) monde(s). La matière et la manière*, Préface de Mike Moukala Ndoumou, Paris, L'Harmattan, coll. « Ouverture philosophique », 2018, p.32.

[3] Theodor ADORNO, *Dialectique négative*, trad. franç., Collège de philosophie, Paris, Payot, coll. « Petite philosophie », 2001, p. 133.

science et de la philosophie afin de donner sens à l'interdisciplinarité ou plutôt à la nouvelle transdisciplinarité. Plutôt, les articulations de type dialectique ou dialogique amènent ainsi vers des « synthèses historiques » ou vers une « synthèse transformante »[1] des sciences en pleine mobilité.

[1] Gaston BACHELARD, *Epistémologie,* Paris PUF, coll. « Sup », 1974, p. 195.

Chapitre premier : les références poppériennes au cœur de l'épistémologie complexe d'Edgar Morin

La présente réflexion propose une analyse comparative des positions éthiques et politiques de Morin et Popper. Nous voulons justifier la reliance entre deux domaines apparemment irréductibles. Elle s'adosse aux cadres théoriques » ou des « concepts scientifiques » de « rationalité » et de « complexité » corrélées. Ces points de convergences sont situés dans « l'éthique de la science. » D'abord, les références poppériennes chez Edgar Morin sont de nature à rappeler ses arguments invoqués dans les discussions critiques relatives à la pensée éthico-politique de Popper et qui lui ont servi d'éléments d'épistémologie pour construire la pensée complexe. Ensuite, nous voulons montrer comment la rationalité ouverte dont Popper vise l'instauration n'est pas exempte de complexité. C'est à discuter les thèses dans lesquelles Morin croit expliquer mieux la naissance de la complexité que nous allons nous attacher, en faisant comme si Popper avait oublié que la rationalité était complexe. Pareille piste se veut nouvelle, lorsqu'il s'agit d'indiquer philosophiquement comment le nouvel esprit épistémologique conduit à réfléchir sur ce qu'un politique devrait faire ; que ce soit en période de « crise » ou en période de transition « démocratique » au cœur de la société ouverte. Enfin, nous tenterons de montrer que la pensée socio-politique poppérienne radicalisée par Morin occulte dans le fond un problème épistémologique, celui de la démarcation entre science et métaphysique.

1. Morin pour et contre Popper ?

Les philosophies contemporaines des sciences de Morin et de Popper ont l'une et l'autre fondamentalement marqué la conscience scientifique et universitaire du 20e siècle. Ce constat est amplement fait par Alain Boyer[1] en Occident. Aussi paradoxal que cela puisse paraître, elles sont souvent considérées comme divergentes par vocation et par nature. De nombreux points fondamentaux se dessinent : rationalité n'est pas complexité ; réfutabilité n'est pas

[1] Alain BOYER, *Introduction à la lecture de Karl Popper*, Paris, ENS, 1994, p. 67.

synonyme de dialogique, quand bien même toutes deux se seraient opposées à la science classique, et surtout au dogmatisme scientifique, ou au marxisme. Eux-mêmes ont parfois tenu à affirmer nettement leurs différences du point de vue méthodologique et surtout au niveau de la conceptualité. Bien que Popper n'ait pas connu Morin qui lui fait porter souvent ses différences avec Popper sur les mêmes points. La confrontation de ces deux épistémologies non classiques est extrêmement intéressante sous l'angle de vue de Morin et sous l'angle de vision qui se veut scientifique et politique. Elle révèle tout au plus des convergences inattendues et fructueuses, et permet une intelligibilité plus tenace de chacune des positions mises en exergue par Morin. Qui plus est, faute de pouvoir entreprendre la réouverture d'un débat d'idées sur des questions si fines, nous avons choisi de retenir un angle particulier de vue : celui de la rationalité couplée à la complexité comme espace de jeu historique laissant ainsi entrevoir la configuration idéologique et politique prévalant à la naissance de ce que Jean François Malherbe appelle « le rationalisme socio-politique » de Popper. « Le réformisme libéral » qui s'ensuit peut se donner à penser aussi entre les lignes de la pensée complexe de Morin. Ce sont ces positions cordonnées à un problème politique et éthique de la complexité dont il faut dire la signification et la valeur dans le contexte évocateur de la post-métaphysique.

Par conséquent, le principe de complexité politique devient lui-même « un principe d'incertitude psychologique ». Il s'érige là où « *il y a donc la difficulté d'un auto-examen critique pour lequel notre sincérité n'est pas garantie de certitude, et là où il y a les limites à toute auto-connaissance* »[1]. Ce principe est né de l'incertitude de la réalité politique. Sa lisibilité n'est pas si claire et distincte. Les idées politiques et les systèmes qui leur correspondent sont loin d'en être le reflet. En politique, tout comme en science, « notre réalité n'est autre que notre idée de la réalité »[2] Le principe logique de la complexité fait émerger l'idée d'une pensée politique fondée sur la croyance. Les projets de société dans la pensée politique et l'origine des normes méthodologiques pour diriger notre esprit, les Etats ne trouvent pas

---

[1] Edgar MORIN, *Les sept savoirs nécessaires à l'éducation du futur*, Paris, Unesco, 1999, p.46.
[2] *Ibid.*

toujours la sincérité dans les promesses faites au peuple. Dans le fond, la vérité dans les systèmes est révélée par un univers psychologique. Ces projets dits de société s'enracinent parfois dans ce que le politique croit, dans ce que le politique croit être vrai et juste et dans ce qui lui permet de poursuivre son projet, enfin dans ce à quoi le peuple accorde du prix comme étant valide et rationnel.

Sur ce point précis de la rationalité de la politique, Jeremy Sheamur relève la valeur de la dimension philosophique de la pensée politique. Il affirme : *« L'un des plus grands et plus beaux rêves de la philosophie a été celui d'une société dont l'organisation serait rationnelle. Mais les tentatives faites pour réaliser ce rêve ont été de nature à déconcerter le plus optimiste des rationalistes. Les théoriciens qui ont voulu élaborer un ordre rationnel de la société ont fait de ce rêve un cauchemar »*[1]. A l'appui de cette affirmation, la question qui resurgit en tout état de cause est de savoir si la pensée politique appelle des solutions rationnelles et complexes ; plutôt plus complexes que rationnelles. Cette démarche « problématologique », selon le mot de Michel Meyer, nous conduit vers l'hypothèse de la politique au cœur de l'épistémologie de Popper non comme « concept-solution », mais comme un « concept-problème ». Alors, la politique n'est pas totalement rationnelle. Plus même, elle est effectivement complexe. Morin déclare que « la crise du politique est aggravée par l'incapacité à penser et à affronter la nouveauté, l'ampleur et la complexité des problèmes »[2]. La complexité politique pose des problèmes à l'homme. De là, nous établissons un pont avec la pensée politique faillible chez Popper qui ne manque pas de faire usage du mot « problème ».

Cela fait dire à Shearmur que la spécificité de la pensée politique révélée dans *La Société ouverte*[3] consacre la naissance non pas seulement du « faillibilisme épistémologique », mais celle du

---

[1] Jeremy SHEAMUR, « Popper, le libéralisme et la démocratie sociale », in *Colloque de Cerisy Karl Popper et la science d'aujourd'hui,* (dir.) Renée Bouveresse), Paris, Aubier, 1989, p. 449.

[2] Edgar MORIN, *La Voie, Pour l'avenir de l'humanité*, Paris, Fayard, 2011, p. 22.

[3] Karl POPPER, *La Société ouverte et ses ennemis. Tome* I *L'ascendant de Platon*, trad.de l'anglais par Jacqueline Bernard et Philippe Monod, Paris, seuil, 1979. Chapitre 10, p.139-164. Cf. aussi *La Société ouverte et ses ennemis. Tome2 Hegel et Marx*, trad. franç., Paris, Seuil, 1979, Chapitre 18, p. 93-99.

« réformisme libéral »[1]. La politique est plus qu'un art, c'est-à-dire qu'elle est aussi un objet pluridisciplinaire[2]. Cela dit, le phénomène politique est donc problématique. Pour toutes ces raisons, et surtout pour celles liées à la non expérimentation de la chose politique, les pensées politiques de Morin et Popper nous enseignent aujourd'hui une nouvelle logique qui ne rend pas toujours facile l'obtention des résultats politiques[3]. Au-delà, l'enjeu de cette réflexion est de montrer la méprise qui est au cœur de la position de Morin dans le débat contemporain sur la démarcation que Popper opère entre la science et la métaphysique. Autrement dit, ce dernier n'a jamais accrédité l'idée d'un critère qui radicaliserait la séparation entre la science et la métaphysique. Loin s'en faut.

D'entrée de jeu de cette discussion, il est opportun de mettre en avant quelques considérations épistémo-politiques sur la pensée de la complexité[4] : la politique est-elle en panne dans le domaine scientifique ? La pensée de Morin, tout comme celle de Popper, demeurera finalement comme transversale, novatrice et étonnante de ce que la philosophie contemporaine des sciences du XXe siècle[5] n'a jamais fait l'impasse sur la complexité. Sur ce Popper en particulier, Alain Boyer a dit qu'il est « *l'un des seuls philosophes du siècle dernier à avoir proposé un « système » philosophique, avec une épistémologie, une philosophie morale et politique, une théorie de l'histoire (sans téléologie), une cosmologie (l'univers des propensions), une psychologie (l'apprentissage par essais et erreurs),*

---

[1] Cette expression est du philosophie sénégalais Sémou Pathé GUEYE.

[2] Sémou Pathé GUEYE, *op. cit.*, p. 27.

[3] Karl POPPER, *Misère de l'historicisme*, Paris, Plon, 1956, p. 4.

[4] La réponse à cette question devrait aller de soi pour tous les poppériens dans la pleine mesure où Karl POPPER lui-même dit que Misère de l'historicisme et la Société ouverte sont l'une et l'autre « le développement de la théorie de la connaissance de la Logique de la découverte scientifique, et sont nées de la conviction que nos idées souvent inconscientes de la théorie de la connaissance et de nos problèmes fondamentaux sont déterminantes pour nos attitudes envers nous-mêmes et envers la politique », in *Karl Popper et la science d'aujourd'hui,* Paris, Aubier, 1989, p.450. Signalons que dans les actes de ce Colloque, se trouve précédé par un texte de Karl Popper sur « Le mythe du cadre de référence ».

[5] Alain BOYER « Un philosophe dans le siècle », in *Karl Popper : un philosophe dans le siècle* 2007 Vol. 11 Cahier 1 Publié avec le concours de l'Université Nancy 2 et du Centre National de la Recherche Scientifique, Editions Kimé, Paris, 2007, p.1.

voire une esthétique (de la musique) »[1]. Elles sont importantes pour leur compréhension de la complexité politique, car les deux épistémologies en sont, en quelque sorte, des « systèmes ouverts et inachevés », comme le type de société qu'elles revendiquent. Les conceptions éthiques et politiques des sociétés ouvertes dont Popper et Morin visent l'instauration sont pluridisciplinaires et interdisciplinaires. Pour ce faire, elles sont prémonitoires d'une complexité inachevée en politique, en ce qu'elles offrent comme un exposé du « programme » que le politique du XXIe siècle s'attacherait à réaliser. Dans le fond, elles insistent sur la complexité de la liaison intime de l'épistémologie et de l'éthique, non sans tenir compte de l'anarchisme épistémologique appliquée en politique, à l'instar de la pensée de Paul Karl Feyerabend[2].

Par contre, le recours à la philosophie antique par Popper, pour autant qu'il aime à citer en exemple les Présocratiques, justifie ce pourquoi les pensées politiques de Morin et Popper mettent en avant la dimension rationnelle, c'est-à-dire celle qui a pour ancrage la figure mythique de Thalès de Milet, philosophe ionien, qui comme Anaximandre et Héraclite d'Ephèse étaient curieux, cultivés et informés dans la plupart des domaines de l'effort humain. Cette hantise vers l'encyclopédisme est doublée d'un esprit antidogmatique qui fait place à la rationalité comme « *ouverture à la critique* »[3], et non comme dogme. Il n'existe donc qu'une seule voie à la philosophie et à la politique, c'est bien celle qui donne droit à l'imagination et à la liberté et opte pour le mode de vie critique qui fait osciller la pensée politique de Morin et Popper entre le réformisme social-démocrate et la démocratie libérale[4].

L'unité fondamentale de la pensée de Popper est également identique à celle de Morin. Nous pouvons inscrire leurs pensées politiques dans ce qû'Alain Boyer a cru devoir appeler si joliment

---

[1] *Ibid.*

[2] Paul K FEYERABEND, *Une connaissance sans fondements*, trad. franç., Emmanuel Malolo Dissakè, Paris, Dianoia, 1999, p. 80.

[3] Alain BOYER, *op. cit.*, p. 2.

[4] Sémou Pathé GUEYE, *Faillibilisme épistémologique et réformisme libéral Popper critique de Marx*, Préface du Pr. Souleymane Bachir Diagne, Dakar, P.U.D, 2000, (Dos de l'ouvrage).

« Rationalités contemporaines »[1].Ces considérations épistémologiques sur la complexité de la raison traitent donc nombre de sujets dont nous relevons simplement quelques-uns[2]. Ce sont comme autant d'objets de litige qui paraissent surtout revêtir une importance particulière, parce qu'ils dépassent finalement le cadre étriqué de l'épistémologie. Alain Boyer a eu le mérite de nous montrer qu'il est possible de passer de l'épistémologique au politique chez Popper au moyen de sa théorie de la rationalité. Il abordera ici deux aspects de la question que nous examinons qu'il évoque bien en termes de « *liens entre rationalité critique et politique* »[3]. A ce niveau d'analyse, peut-on dire que Morin et Popper élaborent des pensées politiques d'une rationalité procédurale ou d'une épistémologie normative ?

L'épistémologie de Popper laisse voir qu'il est question d'une normativité qui traverse de part en part son œuvre. Et Morin n'en y fait pas aussi exception. C'est ici ainsi le lieu où l'angle de vue de Popper permet de remettre en question la thèse de Morin excluant la complexité de l'univers poppérien du savoir. Il se trouve que Morin a mis en avant l'un des principes de la complexité : le principe holo (grammatique/scopique/momique)[4]. Le décloisonnement de la totalité qui tient de l'organisation complexe de l'univers est l'une des meilleures illustrations de la complexité selon Popper[5] ; lorsqu'il s'emploie à évoquer l'idée de la « totalité ». Sans tomber dans le piège ni du « totalisme », ni du « holisme épistémologique » qui n'intègre pas les « émergences » globales et partielles dans un système mis en examen, Popper soutient que les « touts » ne peuvent « *être l'objet*

---

[1] Alain BOYER, *op. cit.,* p. 2.

[2] Michel MAFFESOLI, « Considérations épistémologiques sur la fractalité », in *Sociétés Revue des Sciences Humaines et Sociales*, « La complexité », n° 98 2007/4 « épistémologie-médiation-méthodologie », Bruxelles, de Boeck, 2008, p. 17.

[3] Alain BOYER, *op. cit.*, p. 15.

[4] Edgar MORIN, *La méthode3. La connaissance de la connaissance*, Paris, Seuil, 1986, p. 102.

[5] Karl POPPER, *Un univers de propensions. Deux études sur la causalité et l'évolution* trad.de l'anglais et présenté par Alain BOYER, Paris, L'Eclat, 1992, p. 25. Cette complexité épistémologique est justifiée par Popper lorsqu'il précise par ailleurs qu'*« il est vrai que la science, comme toute entreprise humaine, souffre de notre faillibilité naturelle.* »

d'aucune activité, scientifique ou autre »[1].L'idée de la totalité dans l'universel. Et si les scientifiques formulent une loi quelconque, alors ils en viennent à comprendre en partie l'aspect qui structure l'univers. Cet aspect est sélectionné à partir et en fonction de la totalité que l'univers laisse entrevoir. Voilà pourquoi, théoriquement la compréhension totale des événements qui prennent corps dans l'univers est un idéal qui reste encore à atteindre au moyen des théories qui sont comme des « filets ». De plus, entre le déterminisme et l'indéterminisme, « Nous avons, écrit Popper, de bonnes raisons pour croire que le monde est unique : une combinaison d'événements uniques et d'une grande complexité-peut-être d'une complexité infinie ». Pareille idée de complexité épistémologique qui est arrivée si tardivement à Morin, lui qui n'a jamais eu la prétention ni de l'avoir inventée, ni de l'avoir résolue[2] ; en tant qu'union de la simplicité et de la complexité a été abordée dans la même veine par Henri Bergson[3].

Précisons à toutes fins utiles, que la complexité ne se réduit pas à l'univers dialogique du tout et de la partie. Son universalité tient également des « émergences »[4]. Morin le note et cela vaut dans le domaine épistémologique chez Popper qui évoque non seulement « l'ouverture » de la rationalité[5], mais surtout la théorie rationnelle de l'émergence appliquée à la physique, à la biologie, et en plus à la politique. Parmi les critiques de Popper qui ont le mieux accréditer cette thèse de la complexité épistémologique appliquée en politique chez Popper, nous pouvons citer en exemple Alain Boyer[6]. Au sujet

---

[1] Karl POPPER, *Misère de l'historicisme*, trad. franç., Hervé Barreau, Paris, Plon, 1956, réédité par Renée Bouveresse, p. 80.

[2] Chez Edgar MORIN se donne à lire une précision, et de taille : la « *complexité n'est pas un concept-solution, mais un concept-problème* », Cf. *Introduction à la pensée complexe*, Paris, ESF Editeur, 1990, p. 7.

[3] Henri BERGSON cité par Edgar Morin, *Mon Chemin*, Paris, Fayard, 2008, p. 184.

[4] Edgar MORIN, *La Méthode 3., op. cit.*, p. 185.

[5] Alain BOYER, « La rationalité ouverte », in *op. cit.*, p. 3.

[6] Cela ne va pas sans évoquer toutes les réflexions révélatrices de la politique au cœur de l'épistémologie de Karl Popper telles qu'elles ont été mises au jour par Renée BOUVERESSE, auteur de *Karl Popper ou le rationalisme critique*, dans les actes du Colloque organisé au Centre Culturel de Cérisy-la Salle du 1er au 11 juillet 1981 : *Karl Popper et la science d'aujourd'hui,* Paris, Aubier, 1989, par des éminents chercheurs comme Jeremy Shearmur « Popper, le libéralisme et la démocratie sociale », pp. 449-437. Ainsi que les pages entières de Jena François Malherbe au sujet du « rationalisme socio-politique de Karl Popper », à la faveur de

tout naturellement des conditions de rationalité d'un ordre qui se veut par-dessus tout social, ce dernier nous apprend que Popper inscrit sa pensée politique dans un vrai rationalisme, « un rationalisme critique illimité », celui que défend W. Bartley son disciple. Popper a fait « le choix de la rationalité » politique avec raison.

C'est donc à tort que les post-poppériens, partisans de l'éthique de la discussion rationnelle, qui lui sont, pourtant redevables, par des côtés, osent le « diaboliser », en termes de « positiviste », « conservateur », « décisionniste ». La pensée politique de Popper, ainsi qu'elle déchiffre à la lecture du deuxième tome de La société ouverte et ses ennemis, en particulier, « affirme avec force le dualisme des faits et décisions. Mais ce n'est pas parce que les normes ne sont pas dérivables des faits, donc de la science, qu'elles sont de l'ordre de la foi irrationnelle indiscutable (préjugé positiviste) »[1]. Cet avertissement de Boyer est d'autant plus important qu'il permet d'expliciter davantage le caractère à la fois rationaliste, de normativité et dualiste de la pensée politique de Popper.

Sur ce point d'importance on peut constater que Popper est proche de ce que Goodman et Rawls ont cru pouvoir instaurer comme « *procédure de l'équilibre réfléchi* »[2]. De là, Popper en est arrivé donc à éviter le piège de l'intégrisme politique ou idéologique, en soumettant à la critique les normes, les décisions et les valeurs les mieux rationnellement établies. Popper plaide, en cas de besoin, pour une éthique de la discussion des décisions politiques et institutionnelles. Même la démocratie trouve son sens rationnel ici, en tant que théorie libérale de la libre discussion critique où testabilité, réfutabilité des idées fonctionnent comme des exigences éthiques, en vue d'un consensus conflictuel[3]. Une autre question se pose : Si la rationalité socio-politique était l'avenir de la complexité de la pensée ?

---

la critique que Popper fait des « doctrines historicistes », in *La Philosophie de Karl Popper et le positivisme logique,* Préface de Jean LADRIERE, 2è édition revue et corrigée, Paris, P.U.F. 1979, p.175-229.

[1] Alain BOYER, *op. cit.*, p. 15.

[2] *Ibid.*

[3] Sémou Pathé GUEYE a montré, en référence à Popper lui-même que ce point marque « *la différence avec d'autres conceptions de la discussion comme celle de Habermas, par exemple, celle-ci n'exige, selon, Popper ni que les interlocuteurs ne commencent ni qu'ils finissent par parler le même langage* » in. *op. cit.*, p. 66.

Karl Popper ou le philosophe d'Edgar Morin. Au demeurant, il nous paraît justifié de montrer que la référence poppérienne est très forte chez Morin. Au nombre des questions qui font débat entre les deux on peut compter avec celle de la notion de démarcation entre la science et la métaphysique. A lire entre les lignes de Morin, une idée apparaît fortement : Morin semble voir en la démarcation, la falsifiabilité un critère de séparation absolue entre la science et la métaphysique.

Dans le fond et dans le ton, Morin voit en cette approche épistémologique une des erreurs commises par Popper. Pour ce faire, il nous semble justifié de procéder à la lecture morinéenne des éléments d'épistémologie de Karl Popper et ses difficultés. Ce qui est en jeu c'est le dégagement de la position de Morin sur les notions qui structurent l'épistémologie de Popper. Puis, nous en viendrons à exposer les carences de la localisation de la prétendue erreur que ce dernier a commises selon Morin. Au demeurant, quand Edgar Morin étudie la notion de démarcation au cœur de la conception poppérienne de la science, il affirme que « *la science est impure. La volonté de chercher une démarcation nette et claire de la science pure, de faire une décantation, disons du scientifique et du non scientifique, est une idée erronée et je dirais, finalement, une idée maniaque. Ce fut à mon avis, l'une des grandes erreurs de Popper* »[1].Tout se passe comme si Morin faisait un mauvais procès contre les thèses épistémologiques poppériennes. Car Popper, à dire vrai, n'a jamais défendu une telle forme de démarcation. Autrement dit, Popper n'a pas du tout mis en avant un critère de démarcation absolue du scientifique et du non scientifique.

A tout prendre, la science se prête à une configuration complexe telle que se désolidariser complètement de la métaphysique serait un contre sens. Quand on analyse la position de Morin sur la fonction heuristique de démarcation, nous voyons quelques confusions du fait de la conception pure de la science qu'il impute à Popper.

A l'opposé des néopositivistes et à Popper qui croient pouvoir considérer la connaissance scientifique comme étant pure des toutes valeurs, par nature et par vocation, Morin pense plutôt que la science donne droit aux aspects anthropo-sociaux. Pour ce faire, il écrit :

[1] Edgar MORIN, *Science avec conscience*, Paris, Fayard, 1990, p. 56.

« C'est une activité construite avec tous les ingrédients de l'activité humaine. Mais en dépit de ceci, elle comporte une dimension objective fondamentale »[1]. La notion de démarcation au sens poppérien enveloppe bien la relation dialectique et dialogique de la science avec la métaphysique. On n'y voit pas un rejet absolu de la métaphysique à mesure que l'on étudie la conception poppérienne de la science. A ce malentendu, Popper précise que *« ma principale raison de rejeter la méthode inductive est précisément qu'elle ne fournit pas de marque distinctive au caractère empirique, non métaphysique, d'un système théorique ; en d'autres termes, je la rejette parce qu'elle ne fournit pas de critère adéquat »*[2]. Dans cet élan de problématisation des fondements empiriques de la connaissance, Popper n'exclut pas le droit d'accès aux sciences anthropo-sociales. Ce que Morin n'a pas vraiment vu c'est la théorie poppérienne de l'unité de la méthode scientifique[3].

Cela établi, le philosophe avertit que « Popper propose une unité de la méthode scientifique, unité méthodologique de toutes les sciences (naturelles et sociales), sur la base d'une redéfinition de la méthode de la physique qui, déjà, est réalisée avec la théorie de la falsifiabilité, creuset de l'éthique de la science »[4]. L'auteur procède à une analyse plus précise du critère de démarcation entre les sciences. Il précise comment se présente véritablement cette théorie épistémologique de l'unité de la méthode scientifique chez Popper. C'est ce que lui-même affirme : « Je vais proposer une doctrine de l'unité de la méthode, c'est-à-dire la thèse selon laquelle toutes les sciences théoriques ou généralisantes (…) font usage de la même méthode, qu'il s'agisse des sciences naturelles ou des sciences sociales »[5].

Il en résulte donc que Popper développe non seulement une logique des sciences sociales, mais aussi une proposition qui tienne compte d'un autre visage de la science. Morin n'a donc pas raison de penser

---

[1] *Ibid.*, p. 55.
[2] Karl POPPER, *La logique de la découverte scientifique*, trad. franç., N. Thyssen-Rutten et P. Devaux, Paris, Payot, 1978, p. 30.
[3] Jacques BATIENO, *Karl Popper ou l'éthique de la science*, Paris, Dianoia, 2012, p. 152.
[4] *Ibid.*
[5] Karl POPPER, *Misère de l'historicisme*, trad. franç., H. Rousseau et R. Bouveresse, Paris, Hermann, 1984, p. 164.

que la dimension culturelle est absente de la conception poppérienne de la science. Dans le fond et dans le ton, le réalisme scientifique que Morin trouve chez Popper constitue plutôt le point de convergence entre les deux positions. A preuve, Morin explique davantage : « Cela veut dire que, finalement, la réalité que cherche la science n'est pas une réalité triviale, que ce ne sont pas les vérités d'évidence sur lesquelles nous pourrons nous accorder comme çà, au bistrot. C'est que le réel est tout à fait étonnant. C'est pour cela que Popper a raison quand il dit : une bonne théorie scientifique, c'est une théorie fondamentalement stupéfiante.

La science n'est pas une opération de vérification de réalités triviales, elle est la découverte d'un réel caché ou voilé. »[1] Au vrai, Morin se contredit lorsqu'il croit que Popper est en passe de rejeter absolument la métaphysique dans sa démarche. Plutôt, et dès lors qu'il affirme cela, la théorie poppérienne de la falsifiabilité prend la forme d'une métathéorie qui lui donne tout son sens éthique et sa portée complexe. Pareille considération sur la complexité de la réalité est de nature à mettre en valeur la critique rationnelle qui est au fondement de toute objectivité scientifique. Elle s'applique méthodologiquement aussi bien aux sciences de la nature qu'aux sciences sociales. La référence poppérienne chez Morin est avérée. Alors, induit-elle que la complexité n'est pas rationnelle ou que la rationalité n'est pas complexe ? Cette question ne semble pas aller de soi. Dans la mesure où Popper identifie complexité et rationalité. Roland Quilliot l'a bien montré : « *le monde n'est pas rationnel, mais la tâche de la science et de la politique est de le rationnaliser : en un effort qui ne peut jamais s'achever. C'est précisément de cet effort qu'ont peur les historicistes* »[2]. Penser que la pensée politique de Popper n'implique aucune conception complexe, revient à faire de lui un historiciste.

Avec lui, l'on est en droit de penser la rationalité de la pensée politique pour un monde complexe. La raison, telle qu'elle se donne à comprendre historiquement et théoriquement chez Descartes, Kant et Hegel en particulier, peut-elle ne pas être complexe ? La réponse à ces questions laisse déjà entrevoir le paradoxe morinien qui consiste à

---

[1] Edgar MORIN, *Science avec conscience, op. cit.*, p. 55.
[2] Roland QUILLOT, « Popper et la question de l'historicisme », *Colloque de Cerisy, op. cit.*, p. 435.

indiquer que la complexité n'est pas une idée neuve, dit-il, en référence aux philosophes modernes mis en exergue. Autant l'on ne saurait s'interdire toute incursion dans le domaine de la philosophie contemporaine des sciences, autant une réflexion sur la rationalité devient nécessairement une promenade dans l'espace de jeu de la complexité politique. Mais, cette théorie de la complexité joue un rôle si fondamental dans la pensée politique contemporaine que Karl Popper et Edgar Morin semblent être d'une actualité singulière en la matière. Edgar Morin est poppérien, déjà, dès les prémices de sa pensée politique et épistémologique. La tentation n'est donc pas forte de considérer qu'il y a des références poppériennes chez Morin ; si tant est qu'une considération de cette espèce a son propre cortège de conséquences et de justification.

Notre tâche philosophique dans cette réflexion comparative est de cerner une inquiétude qui ressortit à la pensée épistémologique et politique de Popper, si massivement présente chez Morin : celle de savoir si réellement Morin a raison de pensée qu'il n'est jamais question de la complexité comme arrière-plan de la question de la démarcation entre la science et la métaphysique. Par ailleurs, cette pensée est en passe de se donner à lire chez lui, tout en nous laissant sans grande lumière ni sur la complexité, ni sur la rationalité complexe. Encore faut-il préciser que ce vide conceptuel en question, la complexité, en particulier, dans l'espace de jeu de l'épistémologie anglo-saxonne se fait sentir sur l'orientation que celle-ci donnerait à la scientificité ou non et à la rationalité ouverte de la pensée politique, élucidée par Edgar Morin. Ce dernier montre effectivement que Karl R. Popper serait resté dans les bordures de l'épistémologie de la complexité, sans s'y impliquer totalement.

Dans *science avec conscience*, de Morin, il se donne à lire que Popper aurait semblé faire l'impasse sur la fonction heuristiquement régulatrice de la complexité ; et sur sa portée transversale comme opérateur épistémologique des savoirs modernes et des rationalités. Il aurait manqué de beaucoup son apport méthodo-logique, et théorique dans l'élucidation du sens de son faillibilisme épistémologique, et son réformisme libéral et dans la mise en route inédite de la rationalité ouverte et de la rationalisation au sein du rationalisme critique. Pour essayer de mettre en chantier ce débat d'idées relatif aux convergences et divergences des pensées politiques de Morin et Popper, il ne suffit pas seulement de construire un dialogue entre les deux. Il importe aussi et surtout de suivre les indications méthodologiques poppériennes, la solution qu'il apporte à la complexité en politique et en quoi il y répond suivant le mouvement de l'épistémologie à l'éthique devenue une des caractéristiques fondamentales de la philosophie contemporaine des sciences. En témoigne l'ouvrage du philosophe burkinabais Jacques Batieno[1] : *Karl Popper ou l'Ethique de la science.*

Donc, on aurait pu dire : Morin lecteur de Popper, comme l'on a déjà dit de Morin qu'il est critique de Marx. Après avoir pensé cela, il reste que Popper soit, au rebours, un critique de Marx. Cela tient dans l'appréciation morinienne de l'épistémologie poppérienne en la résumant au « faillibilisme épistémologique », du point de vue scientifique, et du « réformisme libéral » au sens philosophico-politique. En explorant en profondeur Morin dans Science *avec conscience*, il apparaît un pan entier ou la continuité peut éventuellement se faire autour de la notion de « rationalité complexe » qui sert de paradigme à la science contemporaine. De ce dialogue, on peut tirer l'argument de la « rationalité complexe » forgé et défendu par Morin autour des deux notions à la fois complémentaires, antagonique et associées des termes, c'est-à-dire la complexité de Morin et la rationalité de Popper.

Le premier s'appuie beaucoup plus sur la complexité, et partant, sur les sciences sociales ; desquelles il essaie de sortir pour aller vers l'instauration d'une épistémologie du complexe. Le second trouve appui sur les sciences physiques et biologiques sans les sacrifier sur l'autel ni du scientisme méthodologique, ni d'un indéterminisme physique ; puisque c'est ce qu'il récuse ; en vue d'assoir un réalisme critique ou scientifique. Encore une fois, la référence poppérienne chez Morin souffre d'un certain nombre de carences liées au manque d'attention aussi sur Popper de ces dernières années.

---

[1] Jacques BATIENO, *Karl Popper ou l'éthique de la science*, Paris, Dianoia, 2012, p. 65.

Le *Colloque de Cerisy* en dit vraiment long sur la complexité de la pensée de Popper[1]. Par ailleurs, cette contradiction dans l'œuvre de Morin est d'autant plus flagrante qu'on est en droit de se demander davantage si le recours morinien à Bergson, Spinoza, Héraclite, considérés comme étant « ses philosophes »[2] n'est pas de nature à dissiper la confusion qui consiste à dire que Popper traite plus de la rationalité que de la complexité. « Les propensions » et les « émergences » sont autant de concepts qui montrent à suffisances que même la pensée politique de Popper est un « univers de propensions » ; sans lesquelles la philosophie de l'avenir de l'humanité et le devenir des sociétés seraient quasiment sans vie. Même s'il n'est pas évident d'appliquer l'unité méthodologique de Popper en science et en politique, n'en déplaise à Roland Quilliot[3]. Quelques occurrences du texte poppérien sont fondamentales pour étayer cette thèse relative à une philosophie politique de l'avenir chez Popper[4].

Par contre, l'approche poppérienne de la simplicité, par-delà celle de la propension, comme négation de la complexité épistémologique appelle quelques réserves. Qui plus est, la référence poppérienne chez Morin dans Pour *entrer dans le XXI*e, ne trompe pas. Ce n'est pas parce que le concept de complexité épistémologique figure dans un texte que l'on puisse affirmer *de jure* que ce penseur déroule une théorie de la complexité[5]. En revanche, l'absence du concept de complexité n'autorise pas à décider tout *de go* que ce penseur ne pense

---

[1] Roland Quilliot, *op. cit.*, p. 435.

[2] Edgar MORIN, *Mes philosophes*, Paris, Germina, Collection « Cercle de Philosophie », 2011, p. 21.

[3] Contre POPPER, Roland Quilliot défend la thèse selon laquelle « *On peut émettre des réserves sur la thèse positive de l'unité de la méthode dans les sciences humaines et les sciences de la nature : s'il est légitime de chercher à rendre les sciences sociales plus rigoureuses, plus théoriques, et en même temps plus testables, il est probable que l'intelligibilité que peuvent donner les sciences humaines descriptives, intelligibilité qui reste plus »compréhensive » qu' « explicative », restera toujours irremplaçable.* », p. 430.

[4] Karl POPPER, *Un univers de propensions. Deux études sur la causalité* trad.de l'anglais et présenté par Alain Boyer, Paris, Editions de l'Eclat, 1992, p. 40.

[5] Edgar Morin discute avec Gaston Bachelard au sujet de cette même complexité qui serait une idée isolée chez lui en raison de ses réalismes épistémologiques dont le point de mire reste le matérialisme rationnel à la faveur de sa phénoménotechnique.

pas le défi de la complexité[1]. Nous attirons l'attention des moriniens qui croient naïvement à l'absence vraiment d'une complexité chez Popper ; puisque Popper lui-même a tenu à fixer notre curiosité que la formulation des idées nouvelles relatives à la croissance du savoir scientifique n'est pas totalement un processus effectivement rationnel. Encore faut-il indiquer que Popper amorce également la question lorsqu'il se livre à la critique des fondements méthodologiques de la simplicité dans *La logique de la découverte scientifique*. Il y a donc de l'irrationnel au cœur du rationnel tant en science qu'en politique. Cela vient également de la place cruciale que cet épistémologue accorde à la « découverte » dont le contexte de justification donne droit à l'irrationnel qui fonctionne comme étant la part du diable interférant avec le bon dieu qui est en nous.

L'intuition créatrice au sens où Henri Bergson l'entend est un élan « complexificateur » dans tout ce que l'homme crée de complexe et de simple. Et aussi paradoxal que cela puisse paraître, nous pensons que, même Popper, qui fait bon usage si copieusement du concept de « simplicité » dans sa méthodologie déploie, en quelque manière, une théorie de la « rationalité complexe » si chère à Morin. La méthode critique n'est incompréhensible de la méthode de la complexité. Dans tous les cas, et du point de vue de la pensée politique, Morin et Popper n'ont pas ignoré son caractère complexe.

Tel qu'il se donne à penser dans *Les sept savoirs nécessaires à l'éducation du futur* de Morin, le « complexe » est une exigence théorique de la connaissance. Morin indique la signification réelle de la complexité appliquée à la pensée politique : « *Complexus signifie ce qui est tissé ensemble ; en effet il y a complexité lorsque sont inséparables les éléments différents constituant un tout (comme l'économique, le politique, le sociologique), le psychologique, l'affectif, le mythologique) et qu'il y a tissu interdépendant, inter » actif et inter rétro actif entre l'objet de connaissance et son contexte. La complexité, c'est, de ce fait, le lien entre l'unité et la*

[1] Dans les lignes énonciatives qui suivent, nous allons tenter de justifier, à l'encontre de Morin, que R. Karl Popper a fortement fait usage du concept de complexité, de simplicité méthodologique et de simple dans son œuvre épistémologique.

multiplicité »[1]. Les développements propres à l'épistémologie de Popper nous confrontent inéluctablement à l'intelligence d'ensemble de la complexité épistémologique, celle qui vise à résoudre le problème de la compréhension du monde de l'homme, et celle de la connaissance intégrée dans le monde. Et si la politique apparaît comme l'un des domaines de légitimation du modèle de cette cosmologie appliquée à la connaissance du social ; elle n'échappe donc pas à la même complexité.

Par ailleurs, Morin va un peu à contre-courant de cette cosmologie poppérienne de la connaissance dont les intuitions philosophiques sont déjà présentes chez Emmanuel Kant[2]. Dans le fond, cette cosmologie tient sur une conception réaliste du monde au cœur des sciences et de la philosophie de la nature ou cosmologie. Celle-ci s'efforce de comprendre autant que possible le monde tel qu'il nous paraît dans sa phénoménalité et dans lequel nous trouvons demeure, c'est-à-dire nous-mêmes, sans oublier la connaissance qui lui est consubstantielle. C'est dire que le réalisme critique de Popper n'exclut pas le droit aux constructions mentales qui sont sujettes à l'in-connaissabilité du monde réel. Par conséquent, la science n'est pas que descriptive de la nature. Elle peut-être aussi prescriptive dans le sens kantien où l'entendement impose ses normes à la nature ; sans prétendre les tirer de là.

En fait, Morin complexifie ce rapport en termes d' « enracinement-déracinement ». Cette approche philosophique tient de la complexité des rapports entre l'immanence et la transcendance[3]. La complexité : une construction convergente dans la succession des pensées de la politique de Popper et Morin. Contrairement à Morin qui affirme l'inexistence d'une théorie de la complexité chez Karl Popper, nous pensons que ce dernier y a consacré une réflexion philosophique et épistémologique digne d'intérêt. En fait Morin n'a pas eu totalement raison de penser ainsi. Pour preuve, Popper doute bien que

---

[1] Edgar MORIN, *Les sept savoirs nécessaires à l'éducation du futur*, Paris, Unesco, 1999, p. 17.

[2] Karl POPPER, *La connaissance objective*, trad. franç. Jean Jacques Rosat, Paris, Aubier Montaigne, 2006, p. 213.

[3] Edgar MORIN, *op. cit.*, p. 23.

l'univers est fondamentalement simple ou déterministe[1]. Plutôt Popper constate, au même titre que Morin, lorsqu'il affirme : « tel que nous le connaissons, le monde est d'une grande complexité »[2]. Cela étant, Popper n'ignore pas que ni la catégorie du « simple », ni le principe de « simplicité » qui a fécondé la science physique classique, ne pourrait conduire à la vérité. La science classique adossée aux théories simples est en incompatibilité logique avec les théories complexes. De ce point de vue, il est difficile de tirer des conséquences métathéoriques qui soient de nature à rendre stable la connaissance de l'univers sur fond d'un réalisme épistémologique.

Seulement[3] voilà, la simplification méthodologique n'est pas synonyme d'accès à la complexité effective du réel. Plutôt, elle travaille à dévoiler partiellement et partialement un de ses aspects[4]. Popper critique bien évidemment le « principe de simplicité » ainsi que la simplification en tant que processus qui conduit au simple et qu'il qualifie même de « sur-simplification »[5], c'est-à-dire une simplification poussée à l'extrême. Par ailleurs, sans nier sa vertu heuristique dans l'art de réfuter les théories scientifiques, de décrire certains aspects des mêmes théories futures, Popper montre que l'acte de simplifier rend seulement possible le progrès de la science qui est à ses yeux le problème fondamental de toute épistémologie critique. Cette science objective articule donc la croissance du savoir scientifique et les approximations successives de la vérité et de la réalité complexe[6]. Cela fait dire à Daniel Pimbé[7] que la complexité épistémologique n'est pas vraiment ou si étrangère à Popper[8]. L'une des difficultés est que Morin semble penser que la complexité épistémologique est tombée dans l'oubli dans l'espace de jeu anglo-

---

[1] Karl POPPER *L'univers irrésolu. Plaidoyer pour l'indéterminisme Poscriptum à la logique de la découverte scientifique II,* trad. franç. Renée Bouveresse, Paris, Hermann, 1984, p. 36.

[2] *Ibid.,* p. 37.

[3] Daniel PIMBE, *L'explication interdite. Essai sur la théorie de la connaissance de Karl Popper,* Paris, L'Harmattan, coll. « Ouverture philosophique », 2009, p. 276.

[4] Karl POPPER, *La connaissance objective*, trad. franç., Jean Jacques Rosat, Paris, Flammarion, 1998, p. 506.

[5] Karl POPPER, *op. cit.*, p. 37.

[6] *Ibid.*, p. 39-40.

[7] Daniel Pimbe, *op. cit.,* p. 277.

[8] *Ibid.*

saxon. Cette idée vient du constat fait par Roland Quilliot[1]. Ce détail peut nous inspirer pour comprendre les motivations intérieures qui ont conduit Morin à penser que la complexité serait en panne dans l'épistémologie anglo-saxonne. De là on peut dire que la pensée politique de Popper diffère de celle de Morin en raison de ce que leur rapport à l'histoire est compliqué. L'histoire devient un terrain de conflit entre les deux pensées politiques.

Cependant, Quilliot montre bien que Popper part de là, même si en général, l'épistémologie anglo-saxonne marginalise l'histoire en tant que science sociale au profit des sciences de la nature qui seraient plus systématiques du point de vue procédural ; alors que Morin, sociologue au départ serait plus proche de l'histoire, en raison de son attachement aux sciences sociales desquelles il est parti. Mais, c'est contre cette position que nous nous proposons de montrer, par-dessus tout, que les pensées politiques de Morin et Popper sont plutôt entre les sciences sociales et les sciences de la nature.

D'ailleurs, *La société ouverte et ses ennemis*[2] révèle le côté politique de la pensée de Popper qui a été beaucoup plus connu sous cet angle, malgré son attachement à la science. Morin également ne fait pas exception à la règle. D'autant plus que *L'homme et la mort*, son ouvrage de percée n'a jamais fait abstraction des sciences de la nature. Ni la nature, ni l'histoire n'apparaît aux yeux des deux philosophes des sciences comme une pomme de discorde. Elles rendent possible la jointure des considérations politiques, morales, éthiques et méthodologiques en vue de critiquer le « totalitarisme »[3] au double plan éthique et politique. La jointure des sciences de la nature et les sciences sociales est une idée que Morin juge

---

[1] Roland Quillot, « Popper et la question de l'historicisme », *Colloque de Cerisy, op. cit.*, p.429.

[2] Roland QUILLOT insiste sur le fait que « La place du thème de l'historicisme dans l'œuvre poppérienne est remarquablement importante : toutes les thèses politiques et morales de Popper, ses plaidoyers contre la révolution et pour le réformisme, contre l'irrationalisme émotionnel ou mystique et pour la raison et le dialogue, seules alternatives à la violence, pour l'humanisme et l'égalitarisme, sont contenus dans deux livres dont l'un s'intitule *Misère de l'historicisme*, et l'autre, *La Société ouverte,* se présente comme une sorte d'histoire des doctrines historicistes, d'Héraclite à Marx. » *Ibid.* p. 430.

[3] *Ibid.*

fondamentale et actuelle comme expression par excellence de la nouvelle « déontologie scientifique » ; ainsi qu'il le souligne en ces termes : « *Enfin, la disjonction, nécessaire dans les premiers siècles de la science occidentale, entre science et éthique ne peut plus être maintenue, vu les profonds problèmes éthiques et politiques posés par les développements contemporains des sciences* »[1]. Nous partons de cette double exigence éthico-politique en vue de mettre en avant l'idée de la complexité de la pensée politique à partir de la complexité de la pensée selon Edgar Morin.

La critique poppérienne de la raison historique a des incidences métathéoriques relatives à l'avènement de la pensée éthico-politique comme élément de convergence entre les pensées de Morin et Popper. En effet, d'après Saint Just : « Tous les arts ont produit leurs merveilles ; seul l'art de gouverner n'a produit que les monstres »[2]. La complexité de la politique et le caractère irrationnel qui ressortit à ce propos nous font dire que la politique en soi n'est pas une science, mais elle est un art. Morin développe une pensée politique complexe dans la mesure où toute politique est politique de l'homme, politique du système, politique de civilisation[3].

Voilà pourquoi, sa pensée politique se situe entre l'épistémologique et l'éthique. Elle travaille, non sans raison, à une quête des présupposés philosophiques et anthropologiques. La structure des titres des ouvrages consacrés à la politique en dit long[4]. Le plus

---

1 Edgar MORIN, *op. cit.*, p. 150. Il est d'autant plus important de souligner la nécessité d'une réforme de la connaissance de la politique qu'aujourd'hui, même la notion d' « éthique », tout comme celle de « démocratie » a évolué. Cf. France QUERE, *L'éthique et la vie*, Paris, Odile Jacob, 1991, p. 25, 26, et 37. Lire également au sujet de la démocratie, E. Hirsch, *La Révolution hospitalière. Une démocratie du soin*, Paris, Bayard, 2002, p. 139.

2 Edgar MORIN, *Introduction à une politique de l'homme*, Paris, Seuil, 1999, p. 143.

3 Edgar MORIN, *Pour une politique de civilisation*, Paris, Arléa, 2002, p. 41. Ici l'auteur essaie de nous montrer la complexité des rapports entre l'homme et la politique : « *Car tous les problèmes humains ont aujourd'hui une dimension politique* ». Et la multi-dimensionnalité tient de ce que la vie de l'homme dans la société est inséparable de la vie sociale, la vie politique et la vie individuelle. Donc la politique n'est pas toujours une idée collective.

4 En plus de ceux qui viennent d'être cités, Edgar MORIN a aussi écrit *Pour entrer dans le XXIe siècle*, Paris, Seuil, 2004, p. 312. La notion d'anthropo-éthique traduit

important est la mise en avant des difficultés auxquelles s'expose toute forme de politique relative à « ses radicaux politiques »[1]. La pensée politique « *pose sa problématique unifiante dans tous les champs socialement séparés de la vie* »[2]. On y trouve alors des axes programmatiques de réflexions critiques relatives à « *la crise de la politique* »[3], à tous les niveaux. Ce qui est en jeu est « la constitution de la politique de l'homme en devenir dans le monde ».

Pareille anthro-politique qui s'y constitue laisse entrevoir la multi-dimensionnalité et la multiréférencialité de cette même politique. Morin écrit « Dans le sens où le problème de l'homme en devenir dans le monde est celui- là même de la philosophie, Marx ouvrait l'ère politique de la philosophie. Aujourd'hui, l'ère philosophique de la philosophie est ouverte »[4]. L'ouverture à la complexité se justifie par le fait que l'action de l'homme politique est incertaine et elle implique aussi des situations incertaines et imprévisibles. La mise en question de la politique vient de ce que toute question de l'homme est finalement politique. Car la vie en société est inconcevable sans la politique.

Malheureusement, la politique qui se mondialise aujourd'hui au moyen de la technologie et de la technique pose les problèmes de vie et de survie, de la mort de l'espèce humaine. C'est dire que « nous avons désormais perdu les certitudes qui nous téléguidaient vers le futur »[5]. La pensée politique de Morin se donne à comprendre dans la logique de la prospective[6] et non pas dans celle de la futurologie. Cette prospective consiste à « renverser la barbarie qu'il y a en

---

le lien évident que l'auteur établi entre l'éthique et la politique, en vue de penser la responsabilité politique consubstantielle à la responsabilité intellectuelle. Voir aussi *La Méthode 6. Ethique*, Paris, Seuil, 2004, p. 193. Cette page a ceci de particulier qu'elle donne à lire le complexe de « démocratie cognitive ». Enfin, lire *Le Chemin de l'espérance*, Paris, Fayard, 2011, p.17. Morin développe « une politique pour la France » en vue de critiquer à sa manière ce qu'il a cru devoir appeler « l'Occidentalo-centrisme » culturel. Cela pour dénoncer la confusion éthique qui s'est approprié la *Culture et barbarie européennes*, Paris, Bayard, 2009, p.63.

[1] Edgar MORIN, *op. cit.*, p.11-57.

[2] *Ibid.*, p. 57.

[3] *Ibid.*, p. 12.

[4] *Ibid.*, p. 15.

[5] *Ibid.*, p. 145.

[6] Gaston BERGER, *L'homme et son éducation*, Paris, P.UF., 1962, p.147.

l'homme »[1]. La démarche prospective de type philosophique se propose d'inviter l'homme à se libérer de l'enfermement, c'est-à-dire la négation même de sa destination : enfermement culturaliste, enfermement psycho-psychologique, enfermement temporel. Elle est différente d'une simple futurologie, en ce qu'elle récuse une philosophie bassement spiritualiste qui nous semble être trop réductrice. La prospective cherche à intégrer toutes les dimensions de l'homme : mystique, connaissance, mythe, religion, etc.

C'est donc une démarche réaliste critique tournée vers le devenir et l'avenir de l'homme. Par ailleurs, la pensée politique de Morin fortement influencée par Karl Marx[2], s'articule sur deux niveaux à la foi anthropologique et politique. Le niveau socio-politique des savoirs modernes et des rationalités postmodernes n'est pas de peu de poids. Ce niveau-ci met en relief la complexité des rapports de divergence et de convergence entre « l'aspiration transformatrice » de la politique et son « aspiration régulatrice »[3]. Dit autrement en d'autres mots, la politique est-elle normative ? Ces normes, pour autant, qu'elles existent, sont-elles régulatrices on directrices du pouvoir politique ? La complexité de la pensée politique de Morin qui ne fait nullement abstraction de la dimension « empirique » et « théorique » ressortit bien à l'analyse critique à laquelle il procède lorsqu'il évoque le caractère radical, classique, traditionnel, révolutionnaire et critique de la politique.

Telle qu'elle se donne à penser, tout porte à croire que Morin est parti du constat fait par Cornélius Castoriadis, lui- même renvoyant aux anciens ; constat selon lequel : « Ce qui m'intéresse, ce ne sont ni les arbres ni les pierres, mais les hommes en société ». On comprend alors « l'anthro-politique » dont il vise l'instauration à la faveur d'un pluralisme cohérent de la politique moderne fondée sur « le principe anthropologique » issue de Marx[4]. Comment peut-on le comprendre ?

---

[1] Gaston BERGER et Edgar MORIN se rejoignent sur ce point, car ce dernier s'attache à mettre en chantier « *une anthropologie de la barbarie humaine* ». Cf. *Culture et Barbarie européennes, op. cit.*, p.11.

[2] Edgar MORIN, *Pour et contre Marx*, Collection Racines, Paris, Temps Présent, 2010, p. 114.

[3] Edgar MORIN, *Introduction à une politique de l'homme, op. cit.*, p.18.

[4] A propos de Karl MARX, il estime que « *Le marxisme, lui, peut apporter une première élucidation, si on reste fidèle au principe de base de Marx qu'on doit juger*

Seulement, la pensée politique de Morin se fonde sur l'analyse philosophique des normes qu'il met en relief au chapitre II de son *Introduction à une politique de l'homme*. « Les normes »[1] évoquées par Morin rendent possible l'analyse de la complexité des rapports entre « démocratie » et « complexité »[2]. La pensée politique de Morin revendique une certaine normativité qui tient de la tension essentielle qui s'instaure entre modernité et postmodernité. En effet, la pensée politique moderne ne se réduit pas à l'attitude critique consistant ainsi à capturer le présent dans ce qu'il est et dans ce qu'il a de précieux. Elle s'expose à la complexité des faits et des valeurs qui ne vont pas sans crise.

Morin insiste sur cette « crisologie » dont il vise l'instauration à la lumière de ce qu'il appelle « Le Temps des turbulences » caractérisé par des « poly-crises » au cœur de la globalisation. Il signale que « *La crise de l'économie mondiale apparue en 2008 résulte fondamentalement de l'absence de véritables dispositifs de régulation. Elle ne se résume pas à un accident provoqué par une hypertrophie du crédit, laquelle n'est pas seulement due au souci d'une population appauvrie par l'enrichissement des prix de maintenir son niveau de vie par l'entendement* »[3]. On le voit, la pensée politique de Morin se donne à comprendre dans cette dynamique de la « crise planétaire » qui se développe aux multiples visages et qui mine de l'intérieur tant et si bien le capitalisme financier et le fanatisme ethno- religieux qui irrigue le fond de son principe d'espérance. S'articule alors, sur ce point capital, la pensée politique moderne et la pensée politique critique[4] comme acheminement vers l'argumentation de la postmodernité. Le postmodernisme désigne la découverte d'un processus de complexification de nos attitudes et de nos habitudes et de la pensée politique et scientifique. C'est donc une pensée de la

---

un système social, non sur ce qu'il dit officiellement de lui-même, mais à partir des relations sociales cachées sous l'idéologie ». Cf. Edgar MORIN, *Autocritique*, Paris, Seuil, 1975, p. 10.

[1] *Ibid*. p. 95.

[2] Edgar MORIN, *Les savoirs nécessaires pour une éducation du futur*, Paris, Unesco,

[3] Edgar MORIN, *La Voie, op. cit*., p. 21.

[4] Myriam Revault d'ALLONES, *La crise sans fin. Essai sur l'expérience moderne du temps*, Paris, Seuil, 2012, p. 106.

complexité qui annonce et augure ainsi une ère nouvelle de la conceptualisation de l'action politique. La pensée politique moderne s'attache à ce nouveau paradigme en raison de la caducité des certitudes de la politique d'antan ; du point de vue social et culturel aussi.

Nous pouvons nous fonder sur Jean François Lyotard, considéré à plus d'un titre comme l'un des premiers à avoir averti le nouvel esprit politique, scientifique et philosophique sur ce sujet[1]. Il ressort que la perspective postmoderniste, plutôt que d'aller de soi pour tous, se prête à l'équivocité conceptuelle dans la mesure où elle évoque, à la fois, la fin d'un temps, d'une tradition politique, et l'avènement d'une nouveauté historico-politique, celle-ci se veut tellement radicale que nous avons tout lieu de penser que la pensée politique postmoderne serait en passe de mettre fin à la pensée politique moderne. Pour preuve, dans *La Condition post-moderne*[2], Jean François Lyotard rend intelligible cette postmodernité dans le processus d'une transformation des récits classiques en crise[3]. C'est dire que la pensée politique de Morin est inséparable de ce que le savoir scientifique post-moderne procède de la prise de distance avec les récits caractéristiques de la tradition légendaire ou fabuleuse. On peut alors comprendre[4] de plus, qu'à l'arrière-plan se joue la légitimation de beaucoup de jeux de langages différents, c'est-à-dire la mise en valeur de l'hétérogénéité des éléments linguistiques. *La condition post-moderne* navigue à contre-courant du « consensus » obtenu par la discussion rationnelle.

Chemin faisant, Lyotard pose le problème du consensus qui pourrait se révéler conflictuel dans la mesure où certaines idées politiques procèdent parfois de l'incommensurable[5]. Cela étant, la condition postmoderne de laquelle émerge la pensée politique complexe de Morin laisse entrevoir une nouvelle attitude rationnelle

---

[1] Jean François LYOTARD, *Le post-moderne expliqué aux enfants*, Paris, Editions Galilée, 1998, p. 112.

[2] Jean François LYOTARD, *La condition post-moderne*, Paris, Minuit, 1979, p.7.

[3] Edgar Morin n'a eu de cesse de fixer la nouvelle pensée politique à partir des crises : crise écologique, crise des sociétés traditionnelles, crise de la modernité occidentale, crise démographique, crise urbaine, crise du politique, crise du développement. Cf. *La voie, op. cit.*, p. 22.

[4] Jean François LYOTARD, *La condition postmoderne, op. cit.*, p. 8.

[5] *Ibid.*

devant les idées politiques, un discours qui ne trouve pas sa légitimation dans l'homologie des idées politiques, mais dans la « paralogie » des idées. Car celle-ci fait place à l'invention. La culture postmoderne est une culture de l'incertitude de la pensée et dans la pensée politique, celle qui revendique la « dé-légitimation » de la tradition du récit spéculatif, récit de l'émancipation des idées performantes, solides et efficaces.

La pensée politique de Morin s'inscrit bien dans la postmodernité de l'argumentation logique des idées qui « contribue aussi à élever tous les jeux de langage, même s'ils ne relèvent pas du savoir canonique à la connaissance d'eux-mêmes, il tend à faire bousculer le discours quotidien dans une sorte de métadiscours ». Ce métadiscours de la politique revêt un caractère critique et autocritique, et implique de facto un dépassement du « consensus » habituel au sens où Habermas le réduit. Son principe par excellence n'est qu'un état de discussion des pensées et non leur fin en soi. La postmodernité donne droit à l'hétérogénéité des points de vue en politique ou en « démocratie cognitive » et « communicationnelle » des règles du jeu démocratique, en vue de rechercher le dissentiment et non pas le sentiment. Elle n'a donc pas vocation à fonder un « consensus établi » fonctionnant ainsi comme un acquis du débat d'idées politiques ; qui plus est, celui-ci n'est qu'un horizon indépassable de la complexité du discours rationnel[1].

Au total, la pensée politique de Morin, qui ne souffre d'aucune carence philosophique, se situe entre tradition et modernité. Elle s'attache à un métadiscours qui fonctionne sous la modalité théorique de la complexité argumentative, et revendique, une procédure d'adaptation des aspirations à l'imprévisibilité des découvertes des idées nouvelles au moyen des langages politiques qui s'exposent assez souvent à la complexité humaine. Maintenant nous voulons accéder au niveau philosophique et anthropologique de la pensée scientifique comme expression de la faillibilité de l'humain et de la fragilité de l'esprit. Morin critique Marx. Nous osons dire que la pensée politique de Morin est fille du maître, mais une fille révoltée. Cela dit, c'est ce que Morin et Popper ont aussi en commun, c'est-à-dire les

[1] *Op. cit.*

imperfections du système de Marx en vue d'un réformisme libéral, par-delà les divergences sur la mise au jour de la question démocratique. Le philosophe sénégalais Sémou Pathé Guèye s'est donné la peine de réfléchir sur les conditions du bon usage de la démocratie en Afrique. Quel enjeu ? Guèye il s'est inspiré de Karl Popper à qui il a consacré un ouvrage[1] dans le cadre de la critique de la « société close ». Cette approche nous sert de prétexte théorique pour indiquer le changement de voie dont Morin vise l'instauration en politique en référence au « faillibilisme épistémologique » de Popper. Pour ce faire, il part de l'argumentation de la modernité comme paradigme historique et scientifique à l'occasion duquel une métamorphose de la politique est possible. Il affirme : « *La science moderne s'est formée à partir de quelques esprits déviants : Galilée, Bacon, Descartes, puis elle a créé ses réseaux, ses associations, s'est introduite dans les universités au XIXe siècle, puis, au XXe, dans les économies et les Etats pour devenir l'un des quatre puissants moteurs du vaisseau spatial Terre* »[2]. La modernité consacre un moment précis et précieux du « bouillonnement créatif », celui de la Renaissance qui inspirera Morin dans la problématisation de la pensée politique moderne. En fait, *« tout est à repenser. Tout est à recommencer »*[3]. Le recommencement tient de la crise de l'humanité, de la modernité qui est en crise. Ce constat a été fait par Alain Touraine[4]. Il traduit les incertitudes de la modernité, c'est-à-dire le désarroi qui accompagne son émergence. La modernité n'est pas seulement enveloppée par la crise ou les crises : crise de la modernité, crise dans la modernité. Elle est également elle-même un concept de crise enclin, paradoxalement, aux découvertes scientifiques et techniques. Celles qui ont rendu l'« homme comme maître et possesseur de la nature », selon le mot de Descartes.

---

[1] Sémou Pathé GUEYE, *Faillibilisme épistémologique et réformisme libéral Popper critique de Marx*, Préface de Pr. Souleymane Bachir Diagne, Dakar, P.U.D., 2000, p.1.

[2] Edgar MORIN, *La voie*, Paris, Fayard, 2011, p. 33.

[3] *Ibid.*

[4] Alain TOURAINE, *Après la crise*, Paris, Seuil, 2010, p. 67.

Claude Lefort dit long au sujet de la démocratie[1] moderne encline à la déliquescence du sens et des valeurs éthiques, politiques et morales. Il s'agit d'une dissolution des repères de la certitude ». C'est de la nature du projet moderne qu'il y a triplicité de perte : perte de fondement, perte de la normativité, perte d'identité. La rupture épistémologique avec le passé est une brisure méthodologique de ses fondements. En plus, « *la perte des fondements* »[2] ouvre « *à la recherche des fondements perdus* »[3]. Cela donne à penser la modernité comme quête permanence du nouveau, de l'inédit à trouver en elle-même sa propre orientation, son intelligibilité, donc de s'auto-constituer du point de vue politique. Plutôt que d'être vue comme quelque chose de dogmatique, la modernité accède au rang de la réflexivité, d'une interrogation perpétuelle sur elle-même. Pour montrer que la modernité travaille à la légitimation de son inscription dans un temps « ouvert », plutôt que « fermé », la modernité exprime bien l'idée d'une temporalité dynamique, celle qui se fait à contre-courant du passé, dans sa radicalité nouvelle par rapport au passé. La pensée politique moderne exige de nous une ontologie de la modernité de la pensée politique, c'est-à-dire celle qui se propose de dire les Temps Modernes comme un certain rapport de complexité à soi. Ici, le sujet moderne se doit de prendre en charge son existence, de pouvoir l'assumer dans un temps présentement dynamique.

Telle serait la manière dont la modernité de la pensée politique se trouve aux prises avec les postures de contre-modernité. La pensée politique moderne invite le politique moderne à s'interroger de façon perpétuelle sur lui-même et sur sa posture sur la mort des idéologies à l'instar du socialisme scientifique, du capitalisme, du communisme d'appareil qui ont dû avouer leurs insuffisances face aux défis de la postmodernité[4]. A tout prendre, du réformisme libéral dans l'espace de jeu poppérien : la question de la démocratie ou la démocratie en

[1] A propos de la démocratie, Edgar MORIN y a consacré des pages entières, notamment le chapitre 4 : « La question démocratique », *op. cit.*, p. 67.

[2] Edgar MORIN, *Pour et contre Marx*, Racines et Ruptures, Paris, Temps Présents, 2010, p. 85.

[3] *Ibid.*

[4] Edgar MORIN constate qu'au niveau de la justice internationale, par exemple, l'évolution politique demeure encore au stade embryonnaire, si ce n'est qu'un vœu pieux. Cf. *La Voie, op. cit.*, p. 139.

question. Dans ce qui précède, nous avons choisi d'évoquer la référence poppérienne chez Edgar Morin, même au sujet de la pensée politique, parce que celle-ci est inséparable de sa dimension épistémologique.

Ensuite, Morin évoque Popper comme étant parmi les philosophes des sciences qui ont éclairé et nourri sa pensée scientifique et politique, voire philosophique. Avec Popper, Morin a cultivé et essayé de formuler sa pensée politique. En fait, la rationalité ouverte revendiquée par Popper a, en quelque manière, nourrie sa vie philosophique en nourrissant ipso-facto son épistémologie de la complexité. D'où la nécessité aujourd'hui de connaître l'épistémologie poppérienne et de reconnaître les dettes philosophiques de Morin à son égard, en vue d'exprimer par ailleurs, la spécificité de Popper sur la question de la démocratie, en particulier.

Mais, comment procéder sans céder à des prises de parti arbitraires ? Sous prétexte que Popper serait plus systématique que Morin dans la mise en route inédite de l'épistémologie de la complexité ? Comment dans le cadre étriqué d'une épistémologie comparative focalisée sur la pensée politique, prendre la mesure de deux philosophies contemporaines de sciences aussi hétérogènes que complexes ? La question préjudicielle qui resurgit en tout état de cause, et qui se pose à nous maintenant, est celle de la pertinence théorique et de la légitimité méthodologique de ce débat Morin-Popper. La difficulté, est-il besoin de le souligner encore, s'approfondit si l'on introduit Karl Marx, leur ennemi commun, dans la discussion critique ; quand on sait que Morin et Popper s'y réfèrent abondamment dans leurs écrits politiques surtout, et pour y déceler les antécédents du « réformisme libéral » et de la « nouvelle politique de civilisation » qui les préoccupent, eux deux. Qui plus est, l'aspect anthropologique de cette question politique n'est pas à occulter tant chez Morin que chez Popper.

Quoi qu'il en soit, l'on a l'habitude de dire, en effet, du point de vue de la rationalité, que Popper ne l'applique pas du tout à la politique, surtout lorsqu'on se réfère à *La connaissance objective*. Cet argument peut-être battu en brèche à la faveur de la littérature si abondante consacrée à la politique de Popper[1] et sur Popper[2]. C'est tout au plus dans la *Société ouverte et ses ennemis* qu'il tente de situer le rationalisme critique au cœur de la politique. Effort de guerre ? dirait-il, mais en tous les cas, cette œuvre chaotique constitue globalement le développement de la théorie de la connaissance ; telle qu'elle apparaît dans les lignes et entre les lignes de *La Logique de la découverte scientifiqu*e supposée être son ouvrage majeur.

Les problèmes fondamentaux qui s'y posent théoriquement sont aussi valables pour caractériser les attitudes des individus envers eux-mêmes, et envers la politique. Pour toutes ces raisons, il ressort dans la pensée politique de Popper des liens forts entre rationalité critique et politique, en vue de faire valoir la « société ouverte » malgré ses ennemis, « la théorie de la démocratie » qui se déploie sans effusion de sang, la « critique de l'historicisme » comme justification du progrès en politique, du « holisme révolutionnaire » qui tend à réduire le tout à l'ensemble des parties, et la défense de la « sociotechnique opportuniste »[3] opposée au plan prophétique des marxistes et hégéliens.

Or, au chapitre VI intitulé « *Des nuages et des Horloges Une approche du problème de la rationalité et de la liberté humaine* »[4], il dépasse le cadre strictement épistémologique de sa pensée ; référence faite aux systèmes physiques, pour s'attacher à une approche complexe de la politique. Ici, il tente de faire usage d'un exemple très éloquent d'un « nuage de petites mouches ou un essaim de moucherons »[5]. Popper propose donc un dispositif virtuel de la société où le principe de la mise en ordre est applicable indépendamment d'une quelconque influence exercée par un leader sur les individus. Il s'inspire et considère à ce sujet, « le caractère désordonné du mouvement des différents moucherons ». Aussi surprenant qu'il paraisse[6] Popper s'est servi de cette illustration en vue de traiter des

---

[1] Karl POPPER, *Misère de l'historicisme*, Paris, Plon, 1956, p. 15.

[2] Alain BOYER, *L'explication en histoire*, Lille, Presses Universitaires de Lilles, 1992. *Introduction à la lecture de Karl Popper*, Paris, ENS, 1994, p. 45.

[3] Sémou Pathé GUEYE, *op. cit.*, p. 57.

[4] Karl POPPER, *La connaissance objective*, trad. franç. Jean Jacques Rosat, Paris, Flammarion, 1978, p. 319.

[5] *Ibid.*, p. 322.

[6] *Ibid.*

questions sociales ou politiques relatives au problème de la liberté au sein d'un système social. Son problème est de savoir, en plus, si pareille société « moucheronne » est de nature à garantir l'égalité, la liberté au sein d'un système politique enclin à la démocratie. Dans *La société ouverte,* Popper critique à la fois l'exemple paradigmatique d'un tel type de société et le caractère superficiel de la quasi-totalité des théories holistes dont le principe par excellence dispose toujours qu'« *un tout est plus que la simple somme de ses parties* »[1]. Popper plaide pour une « société ouverte » dont le modèle est loin d'être calqué sur celui des « moucherons ». La différence entre les deux types de société sera alors de nature et non pas simplement de degré. Car « *Une des caractéristiques*, dit-il, *d'une société ouverte, c'est qu'elle favorise, outre une forme démocratique de gouvernement, la liberté d'association, et qu'elle protège et même encourage la formation de sous-sociétés libres, qui défendent chacune des opinions et des croyances différentes* »[2] le pluralisme cohérent des idées politiques comme exigence éthique de la rationalité ouverte en politique n'a pas droit de cité dans pareille « société moucheronne » ; quand bien même elle aurait été bonne.

Conséquemment, la pensée politique de Popper consiste à dire qu'il n'est pas évident de tracer objectivement des projets de société en politique dès lors qu'on sait d'avance que l'« avenir est ouvert ». Pareille ouverture vient aussi de ce que la « propensité » marque toute action politique de son empreinte. Qui plus est, au final, cette pensée politique nous enseigne qu'il faut dénoncer l'historicisme et le totalitarisme qui ont enveloppé les idées et systèmes politiques classiques. Nous devons éviter l'étroitesse de la métaphysique de l'histoire des idées politiques et du destin commun à toutes les sociétés qui consiste à accroire à un bonheur inaccessible par vocation et par nature. Il importe d'éclairer la confusion entre la prévision scientifique rendue possible dans les sciences de la nature et la prophétie historique qui ressortit à l'utopisme révolutionnaire de Karl Marx. Le politique doit cesser de jouer au prophète afin qu'il devienne maître de son destin.

---

[1] Karl POPPER, Section 23 de son livre *Misère de l'historicisme* cité dans *La Connaissance objective, op. cit.*, p. 323.
[2] *Ibid.*

D'ailleurs, nous savons depuis Socrate que la raison humaine n'est ni éternelle, ni omnisciente. Plutôt, elle est responsable des plaies sociales de notre temps. La pensée politique de Morin revendique le passage douloureux de la « société close » à la société ouverte au moyen d'une pensée critique et autocritique[1]. Cela n'est étranger à Popper. En conséquence, la réflexion sur la pensée éthico-politique de Popper prolongée par Morin est d'une singulière actualité au cœur de la quête des fondements de la philosophie contemporaine des sciences. Elle indique autant que possible ses propres limites à la lumière de ce que Pascal Engel[2] a cru devoir appeler « les paradoxes de la rationalité » en politique. Mais, plutôt que de s'en tenir seulement « aux paradoxes de l'irrationalité », selon la formule de Donald Davidson[3], la pensée critique de Popper est révélatrice de la complexité socio-politique. Les limites internes sociologiques qu'elle promeut montrent que la politique ne va pas toujours avec l'éthique. Les imperfections des idéologies constatées ici et là devraient plutôt conduire à conclure avec Morin à une « Voie » et avec Popper sur une quête inachevée de sens éthique de la politique, et non à un irrationalisme en politique.

Alors, donc, Il faut seulement reconnaître que les pensées éthiques et politiques de Morin et Popper font signe vers une « complexologie », c'est-à-dire la pensée de la complexité et la complexité de la pensée qui développent en profondeur une philosophie de l'action politique doublée de celle de l'esprit critique, non au sens descriptif de l'intention, mais au sens évaluatif de la croyance rationnelle dans le raisonnement politique. Cette « paradigmatologie » commune aux deux penseurs de notre temps travaille à dévoiler la profondeur des concepts intégrateurs faillibilité humaine et de complexité humaine si usités en politique contemporaine, en vue de juger et de jauger le comportement du politique en général. C'est donc une approche métaphilosophique de la pensée politique, celle qui réévalue la rationalité en politique de manière à savoir comment et moyennant quoi nous jugeons un

---

[1] Karl POPPER, *La Société ouverte et ses ennemis. L'ascendant de Platon*, Paris, Seuil, 1979, p.17.

[2] Pascal ENGEL, Préface à l'ouvrage de Donald Davidson, *Paradoxes de l'irrationalité*, coll. « tiré à part, Nîmes, Editions l'Eclat, 2002, p. 18.

[3] *Ibid.*, p. 19.

comportement politique comme irrationnel ou rationnel suivant des normes régulatrices de l'action politique.

Morin et Popper donnent l'analyse systématique de tous ces problèmes, en formulant des pensées politiques non dogmatiques de l'interprétation des croyances rationnelles et de l'action complexe de l'homme politique. La rationalité est complexe si tant est que la politique ne se fait pas par habitude mais par attitude. Pour ce faire, l'analyse complexe de la pensée politique ne devrait pas laisser de côté la nature de l'intention politique, de son lien aux raisons qui président à son élaboration, et de son action controversée, celle qui réfléchit sur la complexité logique des rapports entre les raisons et l'action. Celle-ci procède-t-elle d'une déduction pratique, d'une induction complète ou d'une abduction ?

Il faut avouer, conséquemment, que les pensées politiques de Morin et Popper se trouvent êtres, elles-mêmes, plutôt exposées à la difficulté de tout démontrer en politique. Tout se passe comme s'il y avait une cassure ontologique entre la pensée et l'action politique. L'écart entre les deux procède de l'irrationnel qui est devenu la chose au monde politique la mieux partagée. Comment peut-on alors juger une action comme étant la meilleure et faire le contraire ? Comment la pensée politique pure de toute irrationalité peut-elle encore donner lieu à des meilleures raisons de croire quelque chose et croire le contraire ? La complexité de la pensée politique et la pensée politique de la complexité travaillent à décrire les actions politiques irrationnelles, et voir comment il est possible de violer les normes rationnelles les plus élémentaires de la pensée et de l'action démocratique voulues rationnelles.

Pour parvenir à ce résultat critique qui consiste à les opposer arbitrairement, nous avons dû partir des travaux épistémologiques et politiques des deux pour montrer comment ils conduisent à l'élaboration d'une nouvelle pensée complexe politique par l'intermédiaire de ce que pour Morin il conviendrait d'appeler « la Crisologie ». A cet effet, nous devons reconnaître, cependant, que, pour légitime qu'elle soit, cette méditation n'est pas totalement conforme à la lettre stricte de Morin et Popper.

Par ailleurs, du point de vue de l'esprit de leurs travaux, et par-delà l'angle de vue strictement épistémologique, cette réflexion critique aurait pu s'approfondir au niveau tout justement de la crise[1] démocratique, et dans le contexte politique africain[2], en particulier. Les pensées politiques de Morin et Popper[3] n'arrivent pas à dire rationnellement,[4] c'est comment le politique ignore-t-il le « Bien » qu'il connaît tant ? Ce paradoxe existential qui est au cœur de son action traduit le sens du principe d'incontinence en politique comme expression d'un oubli fatal de ses propres exigences éthiques. En d'autres mots, l'agent politique croit le contraire de ce qu'il a toutes les raisons de croire. C'est là où il se ment à lui-même, se dupe, ou se trompe, s'abuse, s'illusionne et se leurre au nom de la « mauvaise foi ». Ce problème éthique est ainsi posé. L'homme le résoudra au moyen des valeurs de la *République* dans l'au-delà où se trouve un autre monde des valeurs divines que le politique enfermé dans la *Terre-Patrie* ne connaîtra pas. La question est la suivante : quelle est la marche de l'histoire contemporaine par-delà la méthode de l'analyse situationnelle analysée par Popper ? « L'histoire enseigne-t-elle jamais quelque chose ? »[5] C'est un aspect d'histoire des sciences de la complexité qui met en avant les enjeux épistémologiques et les défis méthodologiques des découvertes et des modèles de l'histoire future. Il a pour vocation première de réfléchir à la crise des fondements de la connaissance scientifique générant ainsi la dynamique de la science, pour reprendre l'heureux titre de l'ouvrage de Larry Laudan. Mais, au-delà la transfiguration de la science comme

---

[1] Michel DOBY, *Sociologie des crises politiques La dynamique des mobilisations multisectorielles*,3e Edition revue et augmentée d'une préface inédite, Paris, Presses de la fondation nationale des sciences politiques, 2009, p. 34.

[2] Cf. Mahamadé SAVADOGO : « La notion de crise politique », in *Médiation et gestion des conflits Essais sur les fins et les moyens pacifiques de sortie de crise* (dir.) Cyrille B. KONE, Peter Lang, 2011, p. 25-43.

[3] Jacques G. RUELLAND, *De l'épistémologie à la politique. La philosophie de l'histoire de Karl Popper*, Paris, P.U.F., 1991, p. 208.

[4] Ahmadou Tidiane TALLA, « Popper-Wittgenstein : la philosophie et ses noms propres », in *Annales de la Faculté des Lettres et des Sciences Humaines Philosophie, Littéraire, Langues, Sciences Humaines*, n° 30-2000, Faculté des Lettres et des Sciences Humaines, Dakar, p.13-21.

[5] Charles Zacharie BOWAO, *La tragédie du pouvoir. Une psychanalyse du slogan politique*, Préface d'Emmanuel Malolo DISSAKE, Paris, Dianoia, coll. « Polis » 2015, p. 5.

activité moyennant les déplacements philosophiques de concepts se pointe, et ce, avec des questionnements et des approches renouvelées des sciences et leurs objets. Cela permet d'envisager les reprises transformantes des théories scientifiques par « réfutation » à la poppérienne et particulièrement par « révolutions scientifiques » dont Thomas Kuhn qu'elles ne vont pas sans « incommensurabilités ».

Vue sous cet angle, l'histoire des sciences de la complexité n'est pas une science historique absolument autonome, c'est-à-dire à une science à part entière, ou une démarche historique entièrement à part. Tout comme elle n'a pas la prétention malheureuse d'apporter des résultats ; encore moins des recettes aux problèmes dont souffre l'humanité et dont la temporalité est le point de mire. En fait, d'une vision du monde à l'autre, d'une version d'histoire à l'autre, « d'une science à l'autre », l'histoire des sciences de la complexité fait droit au « réformisme épistémologique », en invitant, par-delà les contextes globaux en émergence, le nouvel esprit scientifique à des réflexions critiques plus larges et plus lointaines, voire plus pointues sur la marche du monde en devenir. Les changements scientifiques des sciences physiques du XXIe siècle à l'instar de la « mésophysique », les « nanosciences », « l'émersiologie », la « mésologie », pour ne citer que quelques-unes et de manière non exhaustive, trouvent leur justification légitime et leur crédibilité épistémologique au cœur de la croissance qualitative du savoir scientifique.

Cela étant, l'histoire des sciences de la complexité a pour modeste ambition d'éclairer non seulement les articulations des connaissances depuis l'origine mais aussi de suggérer la refonte des champs disciplinaires divers, amples et vastes, de renouveler des pistes de recherches ; par-delà les dédales qu'elle rencontre. De la sorte, elle aura laissé entrevoir des orientations méthodologiques susceptibles de reconfigurer le grand débat de « la théorie quantique », les grands problèmes de l'empirisme tels qu'ils se posent aux yeux des anarchistes comme Paul Feyerabend. C'est-à-dire qu'elle peut nous laisser entrevoir dès à présent, et sous toutes réserves d'enquête conceptuelle des paradigmes à venir, des axes programmatiques d'intelligibilité, des clés renouvelables de lecture du monde et des mondes qui surviennent toujours.

L'histoire des sciences de la complexité ne réduit pas aux articulations avec la méthodologie historique à l'instar de Lakatos dont « *l'histoire et méthodologie des sciences* » est la parfaite illustration. Elle sacrifie au difficile geste épistémologique du pluralisme cohérent appliqué aux sciences naissantes et leur histoire, non sans faire ainsi écho aux « principes de prolifération », et des théories de la survenance des mondes, de crises, des catastrophes, et des risques qui sont comme le reflet du social et des fractures et autres distanciations sociales dont il peut être victime *a contrario*. L'avènement des nouvelles théories scientifiques est à envisager de façon à refixer historiquement, d'une part les repères du sens et de la fin de l'histoire par rapport au monde qui vient, et d'autre part le « questionnement et l'historicité » pris ensemble relativement aux investigations qui des objets impossibles, des mondes alternatifs, des sociétés dites libres et ouvertes, des multi-réalités de la vie sociale et économique. Conséquemment, l'histoire des sciences de la complexité donne lieu à des futurs chantiers de recherche relative à la philosophie contemporaine.

La découverte des domaines comme « l'Intelligence artificielle » qui fait eau de toute part dans la gouvernementalité des « mondes vécus » et dans l'informatisation des sociétés donneront à voir au nouvel esprit épistémologique la manifestation de la complexité historique. Parvenue à ce point, notre analyse de la notion d'histoire, telle qu'elle se prête à équivoque est loin d'arriver à son terme. C'est-à-dire que nous ne pouvons qu'en éprouver une forme de perplexité non paralysante, pour ainsi dire.

Nous gérons, en quelque sorte, une tension entre insatisfaction et malaise, d'autant plus que le parcours épistémologique et philosophique de la notion d'histoire à la lumière de son équivocité, ainsi effectué, n'est rien moins que l'expression d'une complexité intrinsèque du monde historique. Il n'y a donc pas que l'idée de la fin de l'histoire qui peut répugner. Celle d'une synthèse historique l'est aussi. L'équivocité nous fait prendre conscience, par ailleurs, que l'histoire *ad infinitum* devient un simple idéal à atteindre et non une inférence logique que l'on peut tirer, à la suite d'une longue chaine de raisonnement ; encore moins d'une série « d'explications ultimes »[1].

Popper est suffisamment éloquent à ce sujet pour affirmer qu'une telle initiative visant à saisir la totalité de l'histoire est impossible, quand bien même elle serait envisagée, en raison de ce que l'esprit humain est toujours en quête de la vérité. Pour le dire autrement, oser accéder à la fin de l'histoire par ce biais serait l'expression d'une entreprise cognitive inutile à l'esprit scientifique. François Lyotard en dit plus lorsqu'il considère chemin faisant « la science postmoderne comme recherche des instabilités »[2]. Ce dernier insiste sur son aspect de recherches des vérités nouvelles, et même de nouvelles normes de la recherche en philosophie et en histoire. L'indéterminisme historique paraît être l'hypothèse la plus plausible sur laquelle repose la légitimation de la progressivité. Cela dit, est suranné non pas le fait de se demander si dans le processus historique il existe des moments vrais, ou justes, plutôt l'acte de se représenter la science historique comme étant foncièrement positiviste, c'est-à-dire une garderie de certitudes.

Nous allons donc vers une nouvelle histoire du monde qui fait place aussi bien à « l'ignorance savante », « l'incertitude vertueuse » qu'à « l'instabilité » des faits historiques ou l'inquiétude et les ambivalences du futur. C'est un élément absolument essentiel pour caractériser l'histoire contemporaine. Un des enjeux de cette marche vers l'inconnu est l'incapacité pour l'esprit scientifique de trancher sur les questions qui se posent au cœur de l'histoire et qui se renouvèlent toujours. S'il est une chose qui se conserve, de façon asymptomatique, c'est le caractère processuel de l'histoire elle-même devenant pour le coup un projet. Dans le fond, elle révèle toujours, entre la certitude et l'incertitude des faits historiques, quelques méandres de la notion de tradition qui, en fait, est dynamique. De la sorte, elle se veut aléatoirement fondatrice de la modernité comme quête du nouveau, profondément transcendante et non transcendantale par rapport aux inquiétudes qu'elle suscite. Du point de vue de sa teneur théorique, elle se montre méthodologiquement régulatrice tant son universalité

---

[1] Karl POPPER, *op. cit.,* p. 301.

[2] Jean François LYOTARD, *op. cit.*, p. 88.

dans le monde est assertée et partagée par tous et en tout lieu de construction du savoir.

Lorsqu'on s'en tient à la terminologie de Jean Largeault, l'histoire est non seulement « énigmatique », mais aussi une notion « controversée » suscitée par son sens d'ouverture à d'autres possibilités, et grâce à son expression de science inachevée au sein des pratiques humaines. L'histoire des sciences depuis peu est pleine de moments historiques au niveau des craintes, des anxiétés, qu'elle génère. C'est dire qu'elle peut trahir le désir de savoir absolument ainsi que le désir d'éternité des théories scientifiques, de la vie des hommes. Elle ne peut se chercher dans l'idée même d'éternité du désir qui accompagne tant les chercheurs en sciences que l'aventure historique de la science contemporaine[1]. A suivre Karl Popper invitant les humains à « la recherche d'un monde meilleur »[2], tout semble aller dans le sens de l'intercompréhension en histoire où rien n'existe par avance. Il appartient donc au « sujet dialoguant » d'inventer et de réinventer le temps. Plus l'accélération du temps est grande, plus historique est la quête de notre propre humanité dans le sens où l'objectivité de l'évolution historique en dépend.

Lorsqu'on veut élargir davantage les variations épistémologiques poppériennes au cœur des rationalités contemporaines, il faut penser aux domaines corolaires. Il s'agit, entre autres, de l'art musical[3] ou de l'esthétique en général. Conséquemment, la porte d'ouverture à la réversibilité en tant que processus ininterrompu, couplée à la réfutabilité comme principe régulateur de nos moyens de conquête de

---

[1] Benoit MANDELBROT donne à penser cet état de lieux en pensant aux chercheurs en mathématiques et en physique qui ont reconnu sur le tard et soupçonné des phénomènes restés longtemps méconnus à l'exemple de l'étrangeté de leurs intérêts scientifiques, et ce malgré la fécondité de leurs découvertes. Cf. *Les objets fractals, forme, hasard, et dimension,* Paris, Flammarion, 1975.

[2] Karl POPPER, *A la recherche d'un monde meilleur*, Paris, Les Belles Lettres, coll. « Le gout des idées », 2011, p. 221.

[3] Un des poppériens qui a le plus mis en évidence cet aspect non moins important de l'épistémologie poppérienne c'est Emmanuel Malolo DISSAKE : « De la musique à l'épistémologie », *op. cit.,* p. 126-132. Voir aussi l'excellente synthèse faite par Mounkaila Abdo LOUALI SERKI, « l'art dans la société ouverte. A partir de la critique poppérienne du totalitarisme », *Cahiers épistémo-logiques, op. cit.,* vol. 2, p. 249-265.

la nature sera largement entraperçue, et ce, en essayant de réduire au maximum notre capacité de nuisance au futur par la violence, l'intolérance négative. Qui plus est, tout semble faire que naisse davantage le désir de faire parler l'histoire en train de se faire dans une sorte de « métalangage ». C'est donc sur ce point que nous allons maintenant aborder d'un point de vue historique la problématique des médiations épistémologiques est abordée par Morin avec ses devanciers. Cela permet, en plus, de comprendre que la complexité historique de ces articulations se révèle à nous sous l'ange de vue logique et mathématique.

2. L'articulation traditionnelle des sciences

La question de l'ancienne articulation des sciences est rendue possible chez Morin, non seulement par la complexité de l'objet épistémologique, mais aussi et surtout par la maîtrise intelligible du champ logicomathématique qui intègre tout en les excluant les principes d'intelligibilité de la science classique. Dans cette optique se donne à comprendre toute la prudence que Morin investit dans son projet de la transdisciplinarité nouvelle. En effet, dans l'un comme dans l'autre versant, l'intuition directrice de sa problématique se repère à partir de l'articulation dialogique des disciplines scientifiques.

Cette idée permet d'évaluer le rapport complémentaire, combinatoire et antagoniste entre la philosophie et les sciences formelles. Un exemple de la combinaison de la logique et des mathématiques est possible pour justifier l'interdisciplinarité. Ce faisant, nous analysons les principes d'intelligibilité de la science classique. Cette articulation complexe consiste à mieux cerner la problématique de la nature, de la société, de l'esprit et de l'humanité dont on inscrit l'être et le devenir dans la projection réductionniste de la science à la forme. C'est là où la complexité apparaît comme un lieu de médiation logique des savoirs. Pareille approche classique du paradigme de simplicité se veut explicite des anciennes articulations. Parce qu'elle est essentiellement consacrée à la nuance que le nouveau paradigme fait entre les deux approches transdisciplinaires à savoir que l'ancienne transdisciplinarité est différente de la nouvelle. Cette distinction apparaît en grandes lignes dans *Science avec conscience*.

Pourtant, la transdisciplinarité en tant que nouveau paradigme de la science du complexe est une projection plurielle, différentielle et contradictoire de la science du complexe. Si l'on envisage les chemins de la pensée complexe qui donnent accès à la transdisciplinarité comme projet inabouti, et ce, depuis l'aube de la pensée scientifique jusqu'aujourd'hui, on peut comprendre que l'œuvre complexe de Morin invite à aller au-delà de l'approche simplement systémique des sciences et même de l'approche cybernétique.

En effet, à suivre l'approche historico-scientifique de la complexité essentielle, il appert que l'une des expressions les plus claires de l'ancienne articulation transdisciplinaire qui se décline en « scientisme » se tourne vers la fin du XIXe siècle. C'est la période au cours de laquelle les sciences empirico-formelles comme la biologie, la physique et les mathématiques renoncent à la philosophie qui leur servait de sève nourricière. La pratique scientifique positiviste déborde la mesure du besoin philosophique de la vérité. La biologie, par exemple dont on rêve le purisme en science, se confond avec la philosophie scientifique du fait de sa démarche mécanique à l'égard des vivants. Physique et biologie se confondent aussi parce que la biologie se donne pour objet d'investigation la vie au cœur des phénomènes naturels. Autrement dit, elle se propose de travailler la vie au moyen du langage de la physique et la chimie. Se dessine alors un véritable scientisme pur et dur, ou un biologisme triomphant, en raison du réalisme scientifique sur lequel il se fonde. On tend donc à proposer que l'ontologie soit une dérivée de la science positiviste, de la physique, et donc du « physicalisme » dont Otto Neurath est le père.

L'ancienne transdisciplinarité va consister à faire que le philosophe des sciences se borne à observer tel un physicien, de l'extérieur de la science, et à utiliser ses méthodes sans modifier un produit fini délivré par le scientifique. Ce faisant du physicalisme au positivisme, la complexité scientifique a été occultée au profit de la simplicité par le positivisme logique[1]. Cette unification méthodologique revêt un caractère transdisciplinaire qui est consacré au vérificationnisme. Il a même renforcé son autorité épistémologique et son influence sur la pratique scientifique grâce, notamment à ses liens avec la technologie

[1] Pierre JACOB, (dir.) *De Vienne à Cambridge, l'héritage du positivisme logique* Paris, Gallimard, coll. « Bibliothèque des sciences humaines », 1980, p. 7-52.

Sur ce point d'importance qui semble être nouveau, que nous pouvons relativiser, au fond, remonte historiquement à l'idéal de Francis Bacon, celui de la manipulation et du contrôle de la connaissance moyennant le pouvoir de la raison et par l'induction. La base observationnelle se pointe comme fondement des fondements de la connaissance scientifique ou philosophique.

C'est la version classique de la science logique, dite prométhéenne qui travaille au recul de l'ignorance par la transformation des données empiriques et l'extension des connaissances empiriques acquises par l'expérience sensible et moyennant la capacité humaine à saisir et à élucider la réalité observée. En ce sens, elle passe, aux yeux de positivistes, comme étant certaine, par la voie sûre du progrès de l'empirisme logique. Il peut alors s'entendre comme une marche vers le triomphe de l'ordre sur le désordre, de la lumière sur l'obscurité, du vrai sur le faux, du bien sur le mal, du parfait sur l'imparfait, de la raison scientifique sur les mythologies, de l'Universel sur le particulier, de la civilisation sur la barbarie.

Cela étant, le scientisme mis en question ici sert de fil conducteur à l'ancienne articulation dite « ancienne transdisciplinaire ». Elle remonte aussi, à la considérer du point de vue de ses sources, à la philosophie antique, notamment à Thalès de Milet ou à bien d'autres présocratiques. Un des textes de Friedrich Nietzsche[1] y relatif en porte témoignage. A cet effet, on dit de la science classique qu'elle est thalésienne. Elle apprend à l'homme à se convaincre du pouvoir de la raison sur les mythes, à connaître les lois de la nature, celles qui régissent les phénomènes de la réalité. Elle postule, au point de départ de tout effort de compréhension des phénomènes offerts par la nature, l'inexistence d'une cause divine ou mystérieuse et, conséquemment, d'aucune finalité à toute réalité. Il apparaît donc que les phénomènes naturels sont générés par des causes qui sont à la portée de la raison humaine. Cela est rendu possible au moyen d'outils théoriques et méthodologiques appropriés dont l'analyse et l'expérimentation sont propres à l'empirisme logique. Mais la critique de la problématique empiriste logique de l'élimination de la métaphysique apparaît comme

---

[1] Friedrich NIETZSCHE, *Ecrits posthumes* 1870-1873, trad. de l'allemand par Jean-Louis Backes, voir le texte : « La philosophie à l'époque tragique des Grecs », Paris, Gallimard, pp. 212-273.

l'une des conséquences du défi de la complexité[1]. Les présupposés logiques de la transdisciplinarité tiennent au nouveau paradigme de la science du complexe. Ce paradigme d'articulation dialogique des sciences intègre aussi l'irrationalisable au cœur du rationalisable. La complexité logique se veut intégrative même quand elle apparaît dans la construction d'un système formel qui renvoie au projet leibnizien d'une caractéristique universelle *(Lingua Characteristica Universalis),* et dans l'élaboration de la théorie du signe comme principe universel de la mathématisation et de la logicisation du langage. Elle consacre l'idée même d'une élimination éventuelle de l'irrationnel, celle du dépassement de la métaphysique et celle concomitante d'un langage unifié de la science. D'où le projet d'instauration d'une science unitaire qui tient aussi dans la complexité du rapport entre « *la mathesis universalis* » et « *la caractéristique géométrique* » de Leibniz.[2]

Dans la même veine s'inscrit en droite ligne l'analyse de l'évolution scientifique de la pensée moderne par Morin. Il essaie de la comprendre par les figures de l'ancienne articulation des sciences. C'est manifestement à cette recherche qu'il se livre quand il déclare : « *Le développement de la Science Occidentale depuis le XVIIe siècle n'a pas seulement été un développement disciplinaire, mais aussi un développement transdisciplinaire. Il faut dire, non seulement les sciences, mais aussi la « science », parce qu'il y a une unité de méthode, un certain nombre de postulats implicites en toutes disciplines, comme le postulat d'objectivité, l'élimination du problème du sujet, l'utilisation des mathématiques comme un langage et un mode d'explication commun, la recherche de la formalisation* »[3]. L'utilisation des mathématiques comme langage scientifique et la mise au jour d'un mode de la formalisation sont les deux axes programmatiques de l'ancienne transdisciplinarité. Morin prend soin

---

[1] Edgar MORIN, *op. cit.*

[2] Dans un texte que nous avons publié ailleurs il est apparu que cet idéal est de nature à justifier l'avènement de l'intelligence artificielle. Cf. Auguste NSONSISSA, « La corrélation entre caractéristique universelle et caractéristique géométrique chez Leibniz. Réflexions sur le langage logique et l'intelligence artificielle », *Logique et argumentation.* (dir.) Emmanuel BANYWESIZE M., Paris,L'Harmattan, 2019, p. 143.

[3] *Ibid.*, p. 124.

de préciser que les principes transdisciplinaires fondamentaux de la science du simple, la mathématisation et la formalisation particulièrement, sont précisément ceux qui ont permis de développer le cloisonnement disciplinaire. Ces problématiques font l'objet des travaux importants en logique et en physique et même en bio-physique.

Par contre, au-delà des « perspectives sur Leibniz » ainsi esquissées sous le paradigme de la simplification, c'est à « l'encyclopédie »[1] que nous devons nous en remettre surtout lorsque Morin met l'accent sur la « formalisation » et la « mathématisation » en tant que paradigmes de l'ancienne articulation disciplinaire. La critique de la formalisation de cette dernière approche de la transdisciplinarité logico-mathématique comporte des faiblesses. Il se trouve qu'au sens moderne la formalisation est un processus qui consiste à mettre l'accent sur la forme du contenu de la pensée et des théories scientifiques. Et cela, en premier lieu sinon exclusivement, des mathématiques. En effet, dans le cadre d'un système formel, permettant de caractériser sans ambiguïté les expressions du langage et les règles de démonstrations, l'intuition sensible est mise en quarantaine. En ce sens, la formalisation fonctionne comme une considération logique, mais exclusive de toute portée empirique qui conduit à nier l'existence ou l'importance de l'élément matériel dans un ordre de connaissance scientifique et valide. A cet effet, formaliser vise à substituer à une théorie plus ou moins intuitive, une théorie symbolique dont les éléments sont privés de tout sens intuitif soumis à une axiomatique. Dans cette perspective, l'ambiguïté entre la formalisation et la mathématisation peut être justifiée. Les opérations mathématiques se déroulent à l'intérieur d'un langage formalisé. Elles mettent en évidence le caractère formel de la connaissance scientifique. L'osmose entre les deux types d'opération est rendue possible par la construction des systèmes formels. En effet, un système formel comprend un alphabet de signes. En restant dans les limites du calcul des propositions, le système formel est un principe

---

[1] Otto NEURATH, « L'encyclopédie comme modèle », in *L'âge d'or de l'empirisme logique,* Vienne-Berlin-Prague 1929-1936, (dir.), Christian BONNET et Pierre WAGNER, Paris, Gallimard, coll. « Bibliothèque de Philosophie », 2006, p. 582.

universel. Son but n'étant rien moins que d'ouvrir l'esprit à l'idée de cohérence de la pensée avec elle-même.

On peut, donc, suivant les cas, définir de manière non orthodoxe les objets de connaissance, refuser l'implication matérielle au profit de l'implication conditionnelle comme connecteur logique. L'expression de la construction d'un système formel conduit inexorablement à quelques implications métathéoriques de la formalisation. Il importe d'en dégager l'intérêt épistémologique ou la valeur heuristique dans l'élaboration de la connaissance. Les implications métathéoriques qui en découlent vont pouvoir se fonder sur quelques constats. Le premier constat révèle que la formalisation peut se dérouler sémantiquement et syntaxiquement comme opérations logiques pour ainsi dire.

L'approche sémantique se déroule avec le symbole =. Il implique le fait d'être une tautologie ou une antilogie. On disposera alors des procédures de décision avec tableaux de vérité, les formes normales et la méthode des arbres. L'approche syntaxique, par contre, repose sur le fait d'être thèse ou antithèse. Il va s'agir dans ce cas de l'axiomatisation. A vrai dire, ce constat met au jour des orientations telles que sur fond d'une même base sémantique nous pouvons construire plusieurs axiomatiques. Les principes de l'axiomatisation demeurent les mêmes. Le deuxième constat est que les axiomatiques diffèrent les unes des autres et des règles de dérivation qui rendent possible la fonctionnalité des axiomatiques modernes. C'est au niveau de l'axiomatisation que la formalisation devient un jeu qui met en lumière la cohérence de la pensée avec elle-même. La notion de vérité devient celle de ''vérité-cohérence''. Cela dit, être vrai, c'est avoir une thèse soit déductible soit démontrable dans un système donné.

La vérité au niveau sémantique renvoie à la définition que l'on donne aux connecteurs logiques. Sur ce point, force est de préciser que la vérité sémantique déborde ''la syntaxique logique''. Ensuite, on peut constater que n'importe quelle thèse est forcément une tautologie. Mais il n'est pas toujours vrai que toute tautologie soit forcément une thèse. Les tautologies sont en nombre infini dénombrable. Voilà pourquoi, en général, on ne limite pas le nombre de propositions initiales. La sémantique logique ne limite pas ses énoncés de départ. Par contre, le nombre des énoncés primitifs dans une axiomatique est forcément limité, même s'il est exigé de limiter le nombre des énoncés primitifs. Tout comme il ne saurait être une axiomatique. Elles sont également produites en nombre infini dénombrable.

Au final, la formalisation laisse entrevoir l'objet que s'assigne un système formel. Il ne s'agit pas de produire toutes les vérités, mais surtout de disposer d'un mécanisme de raisonnement et de le maîtriser au moyen d'une logique de conception. C'est ce qui fait l'importance du système formel et sa valeur heuristique. Il fonctionne de la même manière dans les systèmes ''multi-agents''. Se pose alors le phénomène de limitation interne aux systèmes formels. Cela donne à penser au phénomène de limitation interne à l'ordinateur. La limitation paraît être le moment-clé du fonctionnement d'un système formel. Parce que sans elle, l'axiomatique serait un lieu où l'on ferait tout et n'importe quoi. Elle serait sans importance. Chez Jean Ladrière[1], la limitation, en effet, apparaît comme une exigence interne au formalisme et qui est la condition même de son efficacité. C'est le lieu où s'aplatit l'exigence d'intuition première de la connaissance scientifique. Autrement dit, une axiomatique ne laisse aucune place à l'intuition intellectuelle. Ce faisant, il n'y a plus d'intuition en tant que telle dans le déroulement des opérations de type logique ou mathématique.

Présente dans la sémantique logique, elle n'a plus droit de cité dans l'axiomatique. A ce compte, on peut prendre la mesure de sa fonction logique dans les sciences. Aussi appartient-il à Claude Benzaken de fixer le but d'un système formel. Il écrit : « *Le but d'un système formel est de cerner mécaniquement une réalité (plus ou moins vaste) dans le but de pouvoir produire dans toutes ses vérités. L'intérêt en est évident : d'une part, l'aspect mécanique permet de confier cette production à une machine bête (l'Ordinateur), mais terriblement efficace. D'un autre côté, il est possible de révéler ainsi des vérités cachées (gain de connaissance dans les systèmes experts par exemple). L'idée générale est de produire ces vérités à partir d'un petit nombre d'entre-elles (admises comme axiomes par les règles de production indispensable). On reconnaît les deux phases*

Jean LADRIERE, « Les limites de la formalisation », *Logique et Connaissance humaine,* (dir.) J. PIAGET, Paris, Gallimard, 1967, p.331.

caractéristiques d'un schéma d'induction bien qu'on soit encore loin d'une formalisation complète et rigoureuse (...). Bien que pour un humain ces deux étapes dans l'élaboration d'un système formel soient toujours présentes, il faut noter que la deuxième vise la mécanisation proprement dite alors que la première (via l'interprétation) est le garde-fou et le guide sémantique qui permet à l'intelligence humaine de contrôler ce qu'elle fait (ou de prouver ce qu'elle veut)[1]. Dans la même veine se donne à saisir la signification du projet d'une ''Caractéristique Universelle''. En effet, Heinrich Schulz, et Louis Couturat[2] s'accordent à faire remonter quelques-unes des conceptions modernes sur la formalisation à Leibniz. Ce dernier est compté parmi ceux qui ont véritablement posé les fondements de la logique mathématique, et, partant, de la formalisation de la logique aristotélicienne. Il va opérer ainsi une transformation de la sémantique logique vers une « analytique stricte ».

L'enjeu fondamental de cette tendance vers la mathématisation est la critique leibnizienne de la logique traditionnelle, précisément du syllogisme aristotélicien. Aussi est-il question de voir comment les stoïciens ont esquissé la logistique. En construisant par fragments cette mathématique de l'esprit composée de la Caractéristique Universelle et du calcul du raisonnement ce projet laisse entrevoir l'optimisme du symbolique. Pour Leibniz : « *On ne pourra mettre fin aux controverses, ni imposer silence aux sectes, si l'on ne réduit pas des raisonnements compliqués à des calculs simples, et des mots ayant des significations vagues et incertaines à des caractères bien déterminés. Car il arrivera alors que tout paralogisme ne soit rien de plus qu'une erreur de calcul et qu'un sophisme une fois exprimé dans cette écriture nouvelle ne soit rien d'autre qu'un solécisme ou un barbarisme qui devra être facilement réfuté par les lois mêmes de cette grammaire philosophique. Dès lors quand surgiront des controverses [il sera] inutile d'instaurer une discussion entre deux philosophes pas plus qu'on ne le fait entre deux calculateurs. Car il suffira de prendre la plume à la main ou de s'asseoir devant les abaques et après avoir au besoin convoqué un ami de se dire l'un à*

---

[1] Claude BENZAKEN, *Systèmes formels, Introduction à la logique et à la théorie des langages,* Masson, Paris, coll. « logique, Maths, Info », 1991, p.44.

[2] Louis COUTURAT, *Logique de Leibniz* d'après des documents inédits, Paris Félix Alcan Editeur, 1901, p. 33.

l'autre : Calculons »[1]. La foi en la philosophie du calcul qui naît à la faveur de la mise en place d'une langue universelle pourrait permettre aux hommes de vivre en solidarité, et de s'entendre rationnellement.

Si pour Leibniz, l'instauration de la Caractéristique Universelle est envisagée, alors pour Wittgenstein « une grammaire philosophique »[2] est aussi possible. Cette approche classique du raisonnement logique donne lieu à une interprétation quelque peu pan-logique de la langue philosophique. En conséquence, la primauté semble être accordée à la logique par rapport aux autres disciplines scientifiques à l'exemple des sciences humaines et sociales. Cela revient à penser que la plupart des travaux de logiciens formalistes font signe vers la dimension multidisciplinaire de la connaissance humaine. Cependant, les thèses leibniziennes de la simplicité prennent leur sens classique à partir de considérations logiques sur le raisonnement qui, par ailleurs, articulent le simple et le complexe.

Par contre, Edgar Morin, sans adopter pleinement le point de vue de la simplicité logique chez Leibniz, s'intéresse aussi aux éléments proprement logiques de cette philosophie du langage, en continuité avec l'ouvrage de Louis Couturat[3] auquel nous avons eu recours. La théorie leibnizienne de la simplicité n'est pas comprise par Morin comme telle, sous un angle seulement ontologique, mais elle devrait l'être avec l'œil d'Yvon Belaval,[4] s'agissant précisément de la vérité logique au cœur du langage. C'est pourquoi, nous avons cru trouver ses aspects logiques et mathématiques. L'ancienne articulation prend, conséquemment, comme aspects centraux des problèmes de la proposition logique, la logique des termes qui la composent, du rapport entre un concept et son objet, etc. De plus, comme la simplicité de la monade[5]laisse voir son aspect, les thèses ontologiques directement rattachées à ces composantes sont aussi explicitées à la

---

[1] LEIBNIZ cité par Robert BLANCHE, *La logique et son histoire d'Aristote à Russell,* Paris, Armand Colin, 1970, p. 211.

[2] Ludwig WITTGENSTEIN, *Grammaire philosophique*, trad. de l'allemand par Marie Lescourret, Paris, Gallimard, coll. « Essais », 1980, p. 370.

[3] *Op. cit.*, p. 51.

[4] Yvon BELAVAL, *Etudes leibniziennes. De Leibniz à Hegel,* Paris, Gallimard, coll. « Tel », 1976, p. 177.

[5] G. W. LEIBNIZ, *La Monadologie,* édition augmentée et précédée d'une exposition du système de Leibniz par E. Boutroux, Paris, Librairie Delagrave, 1956, p. 232.

lumière du paradigme de la simplicité[1]. De là, Morin note dans *La Complexité humaine* que la logique de Leibniz se veut une contribution à la compréhension de l'ancienne transdisciplinarité et comme telle, elle constitue une étape majeure de l'histoire de l'épistémologie et des sciences de la complexité simplifiée. En fait, entre les logiciens médiévaux et les philosophes analytiques les plus contemporains qui soient, dans la lignée de Frege et Russell, Leibniz, il y a chez Morin une considération telle que ceux-ci sont des simplificateurs. Plutôt, ce sont des figures de proue qui dirigent et influencent de manière plus ou moins constante les débats jusqu'à ce jour en philosophie contemporaine du langage. A cheval entre deux paradigmes qui donnent une place prépondérante à la logique de la simplicité et au langage symbolique pour tenter de résoudre quelques problèmes en philosophie de la logique, Leibniz développe aujourd'hui plus une ancienne logique articulatoire des sciences. La théorie leibnizienne de la simplicité est, somme toute, exposée dans une perspective classique, c'est-à-dire proche de la philosophie analytique.

Cela dit, nous sommes d'avis avec Morin lorsqu'il trouve, paradoxalement, chez Leibniz un indice de la pensée complexe à partir de la combinaison entre les propositions simples et complexes. Logiquement, l'objet central qui irrigue cette reconsidération de la complexité est d'ailleurs l'une des thèses logiques principales de la philosophie leibnizienne sur laquelle plusieurs logiciens depuis Aristote jusqu'aux stoïciens se penchent, à savoir qu'une proposition logique est vraie quand le prédicat est contenu dans le sujet. L'inclusion du sujet dans le prédicat, quoique classique traduit on ne plus un indice de complexité.

Fondamentalement, la complexité logique se justifie aussi par l'analyse conceptuelle des termes d'une proposition relative au lien nécessaire entre un sujet et un prédicat et à la détermination s'il est vrai ou faux. Par exemple, lorsqu'on affirme que *Socrate est mortel,* le prédicat *mortel* doit être compris pour Leibniz dans la notion du sujet *Socrate,* c'est-à-dire que la *mortalité* entre nécessairement, comme

---

[1] Yvon BELAVAL, *Leibniz. Initiation à sa philosophie*, Paris, Vrin, coll. « Bibliothèque d'histoire de la philosophie », 2005, p. 244. « Les substances simples ».

propriété, dans l'explication du sujet Socrate. L'inclusion est complexe en soi.

Par contre, la simplicité logique apparaît chez Leibniz, en fait, lorsqu'on l'exprime en des termes que Kant a rendu célèbres selon que la logique classique est restée tributaire du paradigme aristotélicien. Qui plus est, toutes les propositions logiques vraies ont pour Leibniz la forme des propositions analytiques. Il s'agit là d'une réduction logique. Car dans la compréhension du sujet Socrate se trouve la qualité d'être mortel. Bien plus, pour une telle formulation qui comprend la dualité exclusive entre les propositions synthétiques et analytiques, surtout à la manière kantienne, pareille approche de la proposition logique est discutable. Pour Leibniz, en particulier cette conception formelle de la vérité prend tout son sens à l'intérieur de son système formel et accompagne une série d'autres thèses épistémologiques liées au paradigme de la simplicité et à l'ancienne articulation des sciences.

Le but de notre analyse est de restreindre la portée de ses analyses aux seules considérations logiques et ontologiques sur le langage. Sur ce point d'importance Morin montre que tout le projet leibnizien d'une Caractéristique Universelle est foncièrement lié à ces considérations logique et mathématique sur la nature de la proposition et à cette définition de la vérité comme validité. Ensuite, la simplicité se comprend si aisément lorsque Leibniz explique le lien entre les notions ou concepts en termes d'interchangeabilité et les objets auxquels ils réfèrent. La dichotomie intension/extension fait également l'objet d'une critique chez Morin. Il montre comment cette idée d'inhérence conceptuelle débouche naturellement sur une logique intensionnelle dont la logique de Leibniz est le modèle par excellence.

En fait, elle se défait des significations imprécises, indécises pour parvenir à une entente par le calcul. Ce métalangage est un moyen de communication entre les humains et de communion des esprits. Cela étant, Leibniz utilise une inflation de dénominations pour dire le même projet. Ainsi évoque-t-il la « mathématique sublime », la « science générale », la « logique mathématique », « l'algèbre logique », « la grammaire logique » ou « philosophique », la « logique symbolique », « l'écriture universelle », une « spécieuse générale »,

« l'art combinatoire des symboles », « le calcul du raisonnement », etc. Ces figures de l'ancienne articulation des sciences dans le dispositif leibnizien trouvent leur consécration dans « la Caractéristique géométrique »[1]. Cette philosophie de l'opérationnalité du symbole est une expression du symbolisme logique.

Cette approche formaliste du langage scientifique, qui prend pour fondement la nouvelle langue des signes fait naître l'espoir que les philosophes pourraient s'entendre sur toutes les contradictions éventuelles, et ce, grâce aux algorithmes de cette langue. La Caractéristique Universelle dont Leibniz vise l'instauration est un art d'infaillibilité du raisonnement logique. Elle s'offre aux philosophes modernes, sous la forme où Leibniz l'entrevoit, c'est-à-dire comme un instrument qui devrait aider les hommes à ne point se tromper, à pouvoir résoudre, en toute certitude, tous les problèmes théoriques et pratiques qui se poseraient à eux. Elle se révèle être aussi comme un instrument rationnel d'une raison devenue majeure et maîtresse de ses procédures de décision. Elle s'érige en véritable vecteur essentiel de la vérité scientifique, un langage directeur de toutes les sciences.

Dans ce sens, l'ancienne articulation se fait jour au cœur des principes d'intelligibilité de la logique classique. Car, l'avènement de cette langue nouvelle manifeste l'optimisme du symbolique. Dans le fond, Leibniz emploie des signes, des marques, des symboles, des graphiques. Il s'agit, désormais, d'être en symbiose avec les signes ou les symboles de telle sorte que la recherche de la vérité ne laisse pas libre cours à des débats confus. La combinaison de ces symboles langagiers devrait aider les humains à trouver toutes les solutions aux maux de l'humanité. L'on saurait donc de quoi l'on parle, comment on en parle et pourquoi on en parle. Cela amène Leibniz à penser que ''si deux personnes sont en désaccord, soit toutes les deux se trompent, soit l'une d'entre-elles au moins se trompe''. Par ce biais, il annonce, à sa manière, le « rationalisme concordataire » des connaissances.

Mais, il importe de le relativiser. Car il ne se dégage nullement de l'horizon de la philosophie éternelle. Pareil rationalisme, si

[1] G. W. LEIBNIZ, *La caractéristique géométrique*, Paris, Vrin, coll. « Mathesis », 1995, p. 97.

paradoxalement clos, se trouve être gouverné par le Divin. De la sorte, il fait signe vers l'irrationnel qui lui sert de fondement. Seulement, ce paradigme paraît fonder l'ancienne articulation des sciences, en ceci qu'il garantit l'unification des langages scientifiques. Il paraît, ensuite, que s'établir un lien évident entre les philosophes et les mathématiciens. Le logicien moderne constate que les philosophes, souvent, ne s'entendent pas à cause des significations vagues et tant soit peu complexes qui se trouvent au cœur même de leurs raisonnements. La Caractéristique Universelle apparaît comme l'instance médiatrice à la faveur de laquelle les philosophes vont pouvoir s'entendre et surmonter leurs multiples difficultés. La Caractéristique est une grammaire qui est de nature transcendantale et dont les lois de la pensée fonctionnent au-delà de toutes les langues possibles. C'est un panlogisme pour ainsi dire.

En conséquence, nous avons choisi de mettre en parallèle l'approche leibnizienne de la caractéristique universelle et le projet morinien de l'ancienne articulation. En explorant en profondeur les intuitions révélatrices de l'ancienne classification des sciences, nous constatons que le projet leibnizien d'une métalangue y fait signe. Plusieurs raisons peuvent être évoquées. D'abord, la Caractéristique mise en question, pour autant qu'elle est un calcul universel, fait droit effectivement à son universalité philosophique comme objet réel de la philosophie et à son universalité technique comme langage formel.

Encore une fois, la caractéristique fait signe vers un panlogisme, et vers un encyclopédisme. Sur le plan philosophique, elle articule gnoséologie et épistémologie, subjectivité et objectivité, etc. Sur ce point d'importance, Leibniz annonce à sa manière, bien avant Morin, les conditions de possibilité d'une épistémologie du sujet connaissant et d'une logique du calcul. Cela étant, il critique le purisme de la subjectivité qu'il trouve plutôt dépendante des connaissances et des symboles logiques et mathématiques. La Caractéristique constitue et institue un véritable champ universel des savoirs modernes et des rationalités plurielles, complémentaires et innovantes. Ensuite, ce champ relativement ouvert à la métaphysique de la connaissance, pour autant qu'il est universel, enveloppe pratiquement tous les considérants épistémologiques à savoir la cognition, la cognoscibilité, le non-savoir ou la faillibilité humaine.

Même sa *Monadologie* n'exclut pas cette pluridisciplinarité qui prend en charge quelques disciplines scientifiques : l'arithmétique, l'algèbre, la géométrie, la logique, la technologie, la biologie etc. Ce n'est donc pas seulement une philosophie du calcul, c'est aussi une philosophie de l'avenir. C'est la raison pour laquelle on trouve chez Leibniz les éléments d'une « transdisciplinarité » où toutes les sciences visées, à titre de projets, sont concernées. Elles se croisent épistémologiquement et s'unissent en quête de vérité, au-delà de la validité que procure la démonstration scientifique.

En fait, la Caractéristique revêt un caractère philosophique et tend vers une dimension encyclopédique dont les intuitions se renouvellent dans ce que Morin appelle « la reliance des connaissances ». C'est l'intelligence de la doctrine de la multiplicité et de la réciprocité des domaines de la connaissance qui se pointe ici. La Combinatoire intéresse la Caractéristique, l'Encyclopédie, les mathématiques et la Métaphysique. Elle met ainsi en crise la déconnexion positiviste entre les régions du savoir. Son projet plaide, chemin faisant, pour leur intersection qui les fonde essentiellement. L'ancienne articulation des connaissances y est justifiée, à la lumière de l'universalité qui est son objet par excellence. Celle-ci est présente partout, c'est-à-dire dans le tout et dans la partie. L'holisme ou plutôt, la pluralité des domaines renvoie à leur commune mesure, transversale, analytique analogique et logique. La rationalité de Leibniz[1] travaille à l'interdisciplinarité. Pour preuve, il rend dépendante la Caractéristique de la philosophie, la mathématique de la philosophie. Aussi reconnaît-il la pluralité des régions de la connaissance à partir de la mathématique dont le contenu logique tend vers son inachèvement.

Si paradoxal que cela puisse paraître, cette perspective transdisciplinaire ne rend pas Leibniz totalement étranger à la pensée complexe. Elle fait place aux « substances composées »[2]. Elle se veut complexifiante dans une relative mesure. Leibniz inscrit l'infini au cœur de ces diverses régions du savoir qui progressent, malgré tout, de façon harmonieuse vers Dieu. Le système que Leibniz met en place

---

[1] G. W. LEIBNIZ, *Opuscules philosophiques choisis*, trad. franç., par Paul Schrecker, Paris, Vrin, coll. « Bibliothèque des textes philosophiques », 2001, p. 13.
[2] Yvon BELAVAL, « Les substances composées », *Leibniz. Initiation à sa philosophie, op. cit.*, p. 294.

vise l'instauration du complexe en relation avec le simple. Michel Serres trouve chez lui quelques échantillons de Caractéristique croisés et multiples sur fond d'une logique combinatoire. Leibniz étudie l'algèbre, le calcul arithmétique, la linguistique, l'astronomie, l'alchimie, la géométrie et la musique et les consacre au Pays de « l'encyclopédie »[1] qui se trouve à la fois comme indice de la multiplicité et de la combinaison des disciplines, des symboles, des langages, et des objets.

La transversalité de la connaissance humaine se justifie à travers la Musique que Leibniz considère comme le seul langage artificiel qui se déploie universellement dans sa traduction des signes et sa transposition dans la sphère culturelle et transculturelle de peuple à peuple. De ce fait, la Musique peut être considérée comme un modèle par excellence de la langue universelle. C'est dans ce projet de langue universelle et transversale que s'élaborent de façon parallèle la conceptualisation de la réalité et le calcul rationnel dans le cadre logique du raisonnement. Pour le dire autrement, enrichie par la définition de la Musique comme « art des sons », la propagation des sons musicaux est prise comme modèle idéal de propagation linguistique ; d'autant plus qu'elle fait usage des signes qui représentent des sons ou signes universels auxquels l'humanité peut accéder.

Contrairement à Descartes[2] qui considère la mathématique universelle comme modèle épistémique par excellence de toutes les sciences à partir de la méthode hypothético-déductive, la « Caractéristique Universelle » chez Leibniz n'est pas une généralisation de la mathématique. Plutôt, la mathématique, en tant que « caractéristique géométrique », se veut un cas particulier de la « mathématique universelle » ou « grammaire logique ». De fait, la mathématique pourrait constituer, en quelque sorte, un point d'application le plus performant de la Caractéristique Universelle[3].

---

[1] Mogens LAERKE, « L'encyclopédie », *Leibniz. Lectures et commentaires*, (dir.) David Rabouin, Paris, Vrin, 2017, p. 255.

[2] David RABOUIN, *Mathesis Universalis. L'idée de « mathématique universelle d'Aristote à Descartes* », Paris, PUF, coll. « Epiméthée », 2009, p.251.

[3] G.W. LEIBNIZ, *Mathesis Universalis écrits sur la mathématique universelle*, trad. franç., par David Rabouin, Paris, Vrin, coll. « Mathesis », 2018, p.113.

C'est dans la mathématique que le symbolisme logique est plus marquant et visible. De la sorte, Leibniz ne se départit pas vraiment du déterminisme logique qui est au cœur même d'un savoir qui se veut infaillible[1], certain et optimiste. Ce déterminisme logique participe lui-même du nouvel esprit qui connaîtra son paroxysme avec la philosophie des Lumières. On le voit bien, à l'arrière-plan de la constitution *d'une lingua characteristica universalis* et de la mise en œuvre d'un ''*calculus ratiocinator*'', ainsi que la priorité de celle-là sur celle-ci, se trouve perçue l'émergence de ''l'optimisme du symbolique'' tel que mis au jour aussi bien par George Boole[2] que par Frege. Cet optimisme symbolique renvoie aux conditions de possibilité même de l'entreprise visant à tirer toute la conséquence de l'unité entre mathématique et logique.

Souleymane Bachir Diagne montre que « *ces conditions de possibilité sont une certaine philosophie symbolique née chez Leibniz de la réflexion sur les procédures de la pensée algébrique en tant qu'elle est système de signes, et d'un travail du concept cartésien de Mathesis Universalis* ».[3] Il apparaît que Leibniz travaille vraiment aux mathématiques, à la logique et au langage universel. Il y trouve les traces de l'art d'inventer en général. C'est la philosophie symbolique en perspective où « *l'œuvre de Leibniz se détache comme la région où se nouent les fils de cet écheveau embrouillé que commence à constituer la question de l'infini* »[4]. Les indices de l'articulation des sciences s'y trouvent avérés dans le sens philosophique de l'inachèvement de la recherche. Chemin faisant, il est important de trouver auprès de Leibniz et Boole les devanciers de Morin dans la mise en route inédite de la « transdisciplinarité ». Lorsque ce dernier pense que la mathématisation et la formalisation sont des éléments de la transdisciplinarité ancienne, il montre que la complexité simplifiée

---

[1] Jean Claude BEAUNE, « Leibniz : machines et mathématique universelle », *Perspectives sur Leibniz*, (dir.) Renée Bouveresse, Paris, Vrin, coll. « Science, histoire, philosophie », 1999, p.19.

[2] Georges BOOLE, *Les lois de la pensée*, trad. de l'anglais par Souleymane Bachir Diagne, Paris, Vrin, 1989, p.89/

[3] Souleymane Bachir DIAGNE « Les procédures algébriques de George Boole et leur signification logique », *Revue sénégalaise de Philosophie,* Dakar, 1986, n°9, p. 29-51.

[4] Jean Toussaint DESANTI, *La philosophie silencieuse ou critique des philosophies de la science*, Paris, Seuil, coll. « L'ordre philosophique », 1991, p. 270.

s'origine bien dans la logique moderne. Souleymane Bachir Diagne résume sa pensée à ceci : « *L'algèbre de la logique de Boole est d'abord une reconstruction du langage comme système de signes. Les raisonnements logiques y seront donc effectués dans l'écriture et les procédures de l'algèbre symbolique dont il faudra bien pouvoir dire la signification proprement logique* »[1]. Ce caractère formel des langages des nombres, des symboles, des signes et le langage littéral conduit Morin à faire quelques observations de nature philosophique, sûr le rapport qu'entretient le raisonnement mathématique ou les symboliques avec la métaphysique de la connaissance.

De telles philosophies particulières, les philosophies des signes, les mathématiques formelles font des formalistes les héritiers ou tenants de « l'ancienne transdisciplinarité »[2]. Morin les considère pour les inspirateurs des néo-positivistes au terme d'une continuité historique constituant ainsi le fil de transmission, de la méthode et Langue universelle au XVIIe siècle jusqu'à la moitié du XXe siècle. Se pose alors le problème de la « science unitaire »[3] dont le positivisme logique est le paradigme. A la faveur de l'avènement du positivisme[4] au XIXe siècle, la rupture avec les principes fondateurs de la réflexion permet de rejeter la philosophie dans la sphère des spéculations métaphysiques. Sous prétexte qu'on veut assurer l'indépendance de la science ou l'écartèle entre une pratique devenue aveugle faute de principe unitaire et une métaphysique creuse, parce que privée de réalisations strictes au plan des phénomènes. Il faut admettre, dans cette perspective large, que la science unitaire se fonde sur une intelligence parcellaire de la connaissance qui ne cesse de morceler l'univers scientifique global.

Morin identifie cette procédure à la culture générale scientifique qui comporte la possibilité de rechercher la mise en question du contexte de toute information ou de toute idée. Il s'agit

---

[1] *Ibid.*

[2] Edgar MORIN, *op. cit.*

[3] Pour une étude approfondie et nuancée de cette approche, il est opportun de lire Karl POPPER, *La quête inachevée*, trad. de l'anglais par Renée Bouveresse, Paris, Calmann-Lévy, 1981, p.125. Voir en particulier « Qui a tué le positivisme logique ? ».

[4] Renée BOUVERESSE, *Essais VI. Les lumières des positivistes*, Paris, Agone, coll. « Banc d'essais », 2011, p.47.

fondamentalement d'un principe universel qui, par son caractère disciplinaire spécialisé, disjoint et compartimente les savoirs, rendant de plus en plus difficile leur mise en contexte. Cette perspective classique a été introduite par les logiciens en s'appuyant sur le principe universel de disjonction/réduction/isolement de l'objet par rapport à son environnement. Pareil principe a régulé l'activité scientifique jusqu'à la moitié du XXe siècle, période durant laquelle la plupart des sciences ont eu pour mode de connaissance la réduction. La connaissance d'un « tout » a été réduite à la connaissance des « parties » qui le composent. C'est le principe de contexte mis en contexte de concaténation réciproque des sciences.

Par ailleurs, celles-ci ont pour concept-maître le « déterminisme » métaphysique. Ce dogme s'est vu traduit dans l'occultation de l'aléa, du nouveau, de l'invention, et l'application de la logique mécanique de la machine artificielle aux problèmes humains et sociaux. A partir de ce moment, la dimension spéculative du savoir s'estompe peu à peu et finit par disparaître relativement, malgré les avancées théoriques considérables que l'on ne cesse d'enregistrer au niveau de la science et la technique contemporaine. En réalité, celles-ci ne font rien d'autre qu'accentuer la dispersion dans le détail des spécialités de plus en plus pointues. C'est en cela qu'elles sont simplifiantes.

Cela dit, la spécialisation des savoirs abstraits, c'est-à-dire extrait un objet de son contexte et de son ensemble, en rejette les liens et les intercommunications avec son milieu, l'insère dans un compartiment qui est celui de la discipline dont les frontières brisent arbitrairement le ''systémique'', qui plus est, la relation d'une partie au tout et la complexité des phénomènes. De fait, elle conduit à l'abstraction mathématique qui opère d'elle-même une scission avec le concret en privilégiant le calcul et le démontrable. Cela fait ressortir l'essence même de l'ancienne transdisciplinarité et éclaire la « raison pure » comme un obstacle à la connaissance scientifique. Autrement dit, la philosophie ne peut pas aider la science à résoudre ses contradictions internes. Les conséquences sont alors nombreuses. La science peut-elle déceler elle-même ses propres contradictions sans recourir à la philosophie ?

Morin essaie de poser le principe de l'auto-fondation de la science : « *principe de disjonction absolue entre l'objet et le sujet qui le perçoit/conçoit. La vérification par observateurs/expérimentateurs divers suffit, non seulement pour atteindre à l'objectivité, mais pour exclure le sujet connaissant. Ergo : élimination de toute problématique du sujet dans la connaissance scientifique. Elimination de l'être et de l'existence via la quantification et la formalisation. L'autonomie n'est pas concevable. Principe de la fiabilité absolue de la logique pour établir la vérité intrinsèque des théories. Toute contradiction apparaît nécessairement comme erreur. On pense en inscrivant des idées claires et distinctes dans un discours mono-logique*[1]. Cette considération peut être concrétisée dans deux directions. La première fait signe vers une approche transdisciplinaire ancienne, telle qu'elle se donne à saisir dans la perspective de l'utopie unificatrice du Cercle de Vienne et surtout à partir de « l'âge d'or de l'empirisme logique »[2]. Ce réductionnisme opérationnel mérite d'être pensé comme disqualification du statut scientifique de la philosophie à la faveur de l'émergence d'une science du simple, selon Morin, ne cessait de vérifier qu'elle avait trouvé l'indubitable fondement empirico-logique de toute vérité. Ses théories scientifiques semblaient émaner de la réalité elle-même, *via* l'induction, laquelle légitimait les vérifications/confirmations empiriques en preuves logiques et les amplifiait en lois générales. L'armature logico-mathématique assure la cohérence interne des théories vérifiées qui semblent refléter les structures même du réel. Dans ces conditions les positivistes logiques, désireux d'en finir à jamais avec le bavardage confus et arbitraire de la métaphysique, entreprirent de transformer la philosophie en science, en fondant toutes ses propositions sur des énoncés vérifiables et cohérents.

Dès lors, le langage de la tradition spéculative, de la philosophie classique et des conceptions spontanées du monde qui s'en inspire, est dépourvu de sens. Une telle orientation institue le cadre et le dessein du Cercle de Vienne : la certitude de la pensée sur le positivisme logique. Cette approche critique consistera à élaborer la science

---

1 Edgar MORIN, *Science avec conscience, op. cit.*, p. 306.

2 Christian BONNET, Pierre Wagner, (dir.), *L'âge d'or de l'empirisme logique, Vienne, Berlin, Prague 1920-1936*, Paris, Gallimard, coll. « Bibliothèque de Philosophie », 2006, p.52.

unitaire : « *En effet,* selon Morin, *nous devons partir de l'acquis négatif que nous ont apporté conjointement la logique de Tarski et le théorème de Gödel. Conformément à la logique de Tarski, un système sémantique ne peut s'expliquer totalement lui-même... C'est dire que le renoncement à la complétude et à l'exhaustivité est une condition de la connaissance de la connaissance. Toutefois, la logique de Tarski comme le théorème de Gödel nous disent qu'il est éventuellement possible de remédier à l'insuffisance auto-cognitive d'un système en constituant un méta-système qui puisse l'embrasser et le considérer comme système objectif* »[1].Or, la science unitaire décide de l'avenir de la philosophie et des autres sciences humaines ou sociales. Pour preuve, la philosophie devient analytique.

« Le tournant linguistique », évoqué par Michael Dummett, allant de Frege à Quine, en passant par Wittgenstein et le néopositivisme, a fait apparaître les problèmes philosophiques comme étant essentiellement des problèmes linguistiques. En tout cas, il a permis de remplacer, dans la tradition anglo-saxonne qui l'a rendu possible, l'expérience par le langage comme objet privilégié de la philosophie dont elle résout les problèmes, que le « transcendantalisme », selon l'expression de Manuel Maria Carrilho a prétendu être d'une profondeur qui tenait aux « objets » qui les posaient ou auxquels ils référaient. Encore faut-il indiquer que, dans la tradition analytique, du positivisme au néo-pragmatisme, on ne met pas toujours « fin »[2] à la philosophie avec les mêmes arguments, c'est-à-dire la même façon.

En effet, à la différence du second, incliné particulièrement à la critique par Peirce[3] lui-même, faillibiliste situant l'essence, que le « transcendantalisme » cherche à atteindre depuis Platon, à la limite de la recherche, le premier a développé une double critique éthique et logique de la philosophie, non exempte de dogmatisme, en tout cas

---

[1] Edgar MORIN, *La méthode 3., op. cit.,* p. 17.

[2] Yves MICHAUD, *Hume et la fin de la philosophie*, Paris, PUF, coll. « Quadrige », 1983, p.5.

[3] Peirce Charles S. PEIRCE, *Ecrits sur le signe*, trad. franç., par Gérard Deledalle, Paris, Seuil, coll. « L'ordre philosophique », 1978, p.42.

d'un scientisme que Putnam a soupçonné dès sa conception de la réalité comme un programme d'ordinateur[1].

La critique éthique est inspirée par le matérialisme historique et les Lumières qui ont conjointement engagé à gauche, dans un programme « prosocialiste », certains des membres du Cercle de Vienne, en particulier Carnap et Neurath. Celle-ci exige une « philosophie tournée vers le monde », conforme à la conception scientifique du monde du Cercle et, par conséquent, en rupture avec la collusion de la métaphysique avec les forces conservatrices, dans un lamentable et insupportable dévoiement de l'idéal émancipateur des Lumières. Saluant l'avènement de la philosophie scientifique, Reichenbach[2] résumait bien cette critique éthique, en présentant l'idéalisme, considéré comme irrationalisme, dans lequel s'exprime majoritairement, cependant, une tradition dont Whitehead a dit qu'elle n'était qu'un ensemble de notes de bas de page du texte platonicien, comme étant la « catégorie philosophique de l'évasion », c'est-à-dire comme le meilleur moyen de se désengager socialement.

La critique logique rappelait, pour sa part, la philosophie aux deux grands principes du néopositivisme contenu dans ce que Carnap[3] appelait lui-même la « *Syntaxe logique* », à savoir la nécessité d'avoir, pour une proposition douée de sens, à la fois une norme, c'est-à-dire une expression formelle, et un contenu empirique. Wittgenstein exprimait déjà séparément cette contrainte empirique au moyen du fameux principe de la signification, en vertu duquel les propositions des sciences naturelles seules ont un sens ; tandis que celles de la philosophie au pire des cas ne sont pas fausses, mais dépourvues de sens, au mieux n'arrivent pas toujours à exprimer le sens de leurs termes. D'où le fameux interdit particulier de « ne jamais dire sinon ce qui peut se dire, donc les sciences de la nature » annonciateur du mysticisme de la fin du *Tractactus* de Wittgenstein. Celui-ci n'autorise à dire seulement ce qui peut se dire, c'est-à-dire qui a un

---

11 Hilary PUTNAM, *Raison, vérité et histoire*, trad. de l'anglais par Abel Gerschenfeld, Paris, Minuit, coll. « Propositions », 1984, p. 11.

2 Hans REICHENBACH, « Le concept de vérité en physique », in *L'âge d'or de l'empirisme logique, op. cit.*, p.223.

3 Rudolf CARNAP, *Testabilité et signification*, trad. de l'anglais par Yann Benetrau-Dupin, Paris, Vrin, coll. « Mathesis », 2015, p. 61.

sens, le langage étant l'opérateur de distinction entre sens et non-sens[1]. Se pose alors la question de la signification.

Mais, au-delà du « non-sens »[2], la tâche nouvelle qu'elle s'assigne paraît être l'analyse comme méthode scientifique que les néo-positivistes opposent radicalement aux prétentions à l'objectivité scientifique au cœur de la métaphysique. Celles-ci s'appuient sur les croyances du sens commun ; qui plus est, sur la sagesse populaire. Seule compte l'idée que la logique déductive conserve sa valeur décisive de preuve et constitue un fondement irrécusable de vérité. Ce socle logique vient doubler, pour ainsi dire, la défense du « physicalisme » dans sa version carnapienne la plus radicale comme horizon épistémologique de la science unitaire.

Une entreprise corrélative fut donc menée par le premier Wittgenstein[3] sur le plan du langage et par David Hilbert sur celui de l'axiomatisation des théories scientifiques. En dépit de ses réflexions sur la « métamathématique » il a cru viser l'instauration d'une science formelle qui serait parfaite, c'est-à-dire pure de toute ignorance. L'axiomatisation serait alors le processus qui y conduirait. Précisons qu'une axiomatique ne laisse effectivement aucune place à l'intuition. Voilà pourquoi, par ce biais, le logiciste a voulu procéder à la purification de la pensée humaine par l'élimination de toute scorie, toute impureté et toute impertinence méthodologique. Cette entreprise positiviste annonce un âge d'or de la science au cours duquel, sur la base du logicisme, les problèmes philosophiques seront calculés de la même manière que le sont, depuis les découvertes de l'Analyse moderne, les problèmes logico-mathématiques. Dans cet âge d'or axé sur le calcul logique, selon ce que rapporte Heinrich Scholz[4], l'esprit scientifique pourra affirmer, pour tout problème véritable de la métaphysique trouver des solutions. Dans cet élan de formalisation et

---

[1] Ludwig WITTGENSTEIN, *Recherches philosophiques*, trad. de l'allemand par Dominique Janicaud, (dir.), Paris, Gallimard, coll. « Bibliothèque de Philosophie », 2004, p.22.

[2] Jacques BOUVERESSE, *Dire et ne rien dire. L'illogisme, l'impossibilité et le non-sens,* Paris, Jacques Chambon, coll. « Rayon Philo », 2002, p.79.

[3] Ludwig WITTGENSTEIN, *Carnet*s 1914-1916, trad. franç., par G. G. Granger, Paris, Gallimard, coll. « Tel », 1971, p.36.

[4] Heinrich SCHOLZ, *Esquisse d'une histoire de la logique,* Aubier Montaigne, Paris, trad. de l'Allemand par E. Coumet, Fr. de Laur, J. Sebestik, 1968, p.88-89.

de mathématisation Hilbert a affirmé pour les mathématiques en 1900, au Congrès de Paris : tout problème mathématique véritable doit être soluble et qu'il n'y a pas d'*ignoramus* en mathématiques. Parvenu à ce niveau d'analyse, on voit à quel point l'esprit scientifique classique est encore rattaché au « *Calculemus* » dont George Boole construit les éléments sur la base de la nouvelle logique.

Par ailleurs, une telle acception de la science formelle travaille inconsciemment aussi à éloigner le scientifique, aujourd'hui, de ce but magnifique que se propose d'atteindre Morin, celui d'aller vers la complexité épistémologique dont la finalité serait l'avènement de la nouvelle transdisciplinarité.

Comparativement à l'ancienne logique, dans la perspective du calcul logique en particulier se trouve noté le génie de la nouvelle logique au XIXe siècle : Gottlob Frege[1]. C'est lui, à en croire Scholz, qui plus qu'aucun autre, a œuvré en faveur de l'interprétation des concepts mathématiques couplés aux concepts essentiels d'une logique qui opère avec un matériel de départ rigoureusement défini débouchant sur la mise en œuvre des validités. C'est aussi lui qui a élevé le calcul au niveau où il devient un jeu de signes partant des travaux de Leibniz. A tout prendre, l'ancienne transdisciplinarité se donne à saisir dans le prolongement de l'*Idéographie* de Frege[2]. Celle-ci donne accès au premier système de figures signifiantes par elles-mêmes, comme déjà l'avait exigé Leibniz, le plus grand théoricien de la symbolique. L'émergence de la logistique saute aux yeux. On l'aura compris, Morin s'y intéresse fort sérieusement pour justifier la portée classique de l'ancienne transdisciplinarité. Et, pour cause, elle constitue, à n'en point douter, l'un des paradigmes fondateurs de l'ancienne transdisciplinarité fondée sur le paradigme des mathématiques moyennant l'écriture algébrique.

Quoi qu'il en soit, nous sommes en droit de critiquer la conceptualisation morinienne de la logique de Leibniz et chez d'autres logiciens modernes et contemporains. D'abord, en voulant circonscrire

---

[1] Gottlob FREGE, Cité par Souleymane Bachir DIAGNE *Logique pour Philosophes, op. cit.,* p.124.

[2] Gottlob FREGE, *Idéographie*, trad. franç., par Corine Besson, Paris, Vrin, coll. « Textes philosophiques », 1999, p. 40.

la théorie de la simplicité de Leibniz à ses éléments proprement logiques, certains aspects de cette doctrine ont été volontairement omis, dont les composantes gnoséologiques. De ce fait, cette étude semble par moment lacunaire. Le travail qui concerne plus spécifiquement la théorie leibnizienne de la connaissance a en partie déjà été fait, entre autres par des chercheurs tels Jean- Baptiste Rauzy, Louis Couturat et Michel Serres. Il semble que pour situer et justifier quelques positions prises par Leibniz en métaphysique ou en philosophie de la logique, il aurait été intéressant et peut-être même nécessaire d'y insérer des explications d'ordre épistémo-logiques. Comme pour la plupart des questions auxquelles Leibniz s'est intéressé, ces deux disciplines, logique et philosophie, en particulier sont tellement inter-reliées qu'il est souvent difficile de les séparer. A cet effet, nous prendrons, en guise d'exemple, la typologie leibnizienne des idées qui débouche et détermine par bien des aspects les vues qu'il adopte sur le langage symbolique.

Le deuxième point qui peut être soulevé, tout en étant intimement lié à la première observation, vient de Morin qui ne traite de la transdisciplinarité en citant d'autres logiciens qui sont à la lisière de la simplicité et de la complexité. C'est-à-dire que ceux dont il aurait probablement été important de rendre compte en matière de complexité logique, et ce malgré la démarche simplifiante qu'impose la logique classique. Des logiciens comme Boole, Frege ne sont pas directement mentionnés, bien qu'ils aient influencé ou inspiré d'une manière durable et notable Karl Popper[1] vues ses prises de position en philosophie du langage et de la logique. La direction qu'a prise Morin limite sans aucun doute l'explication de la pensée de Leibniz, mais il apparaît que pour la compréhension de l'ancienne transdisciplinarité, certaines analyses auraient peut-être dû être faites.

Il n'empêche que la démarche de Morin ouvre des voies nouvelles et donne des pistes de réflexions originales concernant la philosophie leibnizienne et sa théorisation du concept de « simple », surtout pour un espace conceptuel qui articule logique et monadologie. Il n'y a donc pas de lieu chez Leibniz qui exclut complètement le complexe.

---

[1] Chez POPPER toute hypothèse de recherche en science et en philosophie s'inscrit en droite ligne de « la quête inachevée » ; non sans évoquer la falsifiabilité qui supplante la vérifiabilité comme critère pertinent du progrès de la science.

Toutefois, le paradigme des mathématiques que Leibniz thématise, laisse entrevoir le problème de la complexité du savoir. Celui-ci contraint le scientifique à élaborer un langage nouveau, c'est-à-dire un langage formel du fait que la langue naturelle est insuffisante et souvent même simplement inaccessible pour exprimer tous les problèmes qui se posent dans l'activité scientifique et en formuler les solutions définitives. C'est précisément cette fixation du savoir dans un langage formalisé qui constitue la particularité de la simplification logique des objets mathématiques. Les Pythagoriciens ont remarqué que le langage de la mathématique peut exprimer le mieux les lois profondes de la nature.

Le mot grec *mathêma* dans son sens originel désigne la science, le savoir théorique. Il apparaît, donc, que depuis les Grecs, en dehors des mathématiques, l'idée qu'aucune démonstration ne peut se révéler ni précise, ni rigoureuse. Elle ne peut que se révéler souple et limitée Cela fait dire à Kant, plus de deux millénaires plus tard, que dans toute doctrine particulière sur la nature, l'on peut trouver la science dans le sens propre, seulement dans la mesure où elle contient de la mathématique et même de la physique. Kant est parti des sciences physiques et formelles pour refonder la métaphysique.

Ainsi l'avantage du langage mathématique consiste à créer non seulement des concepts abstraits, mais aussi et surtout à analyser les différents types d'abstraction. Pareille conceptualisation a des niveaux opérationnels : abstraction d'infini, abstraction de réalisation potentielle. Ce dégagement du langage naturel pour aller vers un langage formel ou abstrait couplée à cette analyse constituent, on ne peut plus, l'objet des procédures logiques transdisciplinaires. C'est en elles que le savoir logico-mathématique se tourne vers lui-même. Les fondements scientifiques du langage mathématique[1] permettent de remarquer que le caractère abstrait des concepts mathématiques peu aider à fonder l'absolu. Ce caractère formel indique qu'ils font abstraction des propriétés métaphysiques et des rapports ontologiques. Ce type de réductionnisme opérationnel est à critiquer.

---

[1] Gottlob FREGE, *Les fondements de l'arithmétique. Recherche logico-mathématique sur le concept de nombre*, trad. franç., par Claude Imbert, Paris, Seuil, coll. « L'ordre philosophique », 1969, p.121.

Cependant, dans le même temps, ces concepts existent indépendamment de la personnalité du mathématicien. Il s'ensuit donc que le langage mathématique garantit la rigueur d'un raisonnement scientifique. Le caractère abstrait des concepts mathématiques assure la communauté d'ensemble de leur contenu ce qui permet avant tout de formuler de façon plus claire les lois de la nature et les lois de la pensée pure. Les abstractions mathématiques ouvrent la possibilité au scientifique de construire des objets idéaux qui constituent les éléments structuraux nécessaires à l'élaboration du savoir scientifique.

Prolongeant et confirmant ainsi cette idée, un des physiciens contemporains de renom Werner Heisenberg, écrit : « *La langue première qu'on élabore dans le processus de l'assimilation scientifique des faits est en physique théorique généralement le langage de la mathématique, et plus exactement le schéma mathématique qui permet aux physiciens de prédire les résultats des expériences futures* »[1]. On trouve là le principe de la raison suffisante qui permet de considérer le langage mathématique comme critère de la science logique[2]. On y trouve aussi quelques aspects de l'interdisciplinarité entre physique et mathématique. Pareille analyse corrélative, en effet, du langage mathématique et du langage physique peut signifier son caractère fondamentalement métalogique[3] et manifester la rigueur propre au langage considéré dont l'avantage est aussi de réduire au minimum les erreurs commises par les scientifiques dans leur raisonnement à la fois logiques[4] et philosophiques qui débouchent aujourd'hui aux paramètres extra-logiques[5], éthiques, esthétiques, mystiques et fictionnels.

Naissant ainsi dans le cours de l'abstraction mathématique de certaines propriétés de la réalité ou par suite d'une construction

---

[1] Werner HEISENBERG, *Physique et Philosophie. La science moderne en évolution,* trad. franç., de Jacqueline Hadamard, Albin Michel, Paris, 1971, p.140.

[2] Edmund HUSSERL, *Recherches logiques*, 1, trad. de l'allemand par Hubert Elie (dir.), Paris, PUF, coll. « Epiméthée », 1969, p. 9.

[3] Bertrand RUSSELL, *Signification et vérité*, trad. de l'anglais par Philippe Devaux Paris, Flammarion, coll. « Champs », 1969, p. 91.

[4] Denis VERNANT, *Questions de logique et de philosophie,* Paris, Editions Mimésis, coll. « Philosophie », 2018, p.175.

[5] Jacques BOUVERESSE, *Wittgenstein. La rime et la raison, Science, éthique et esthétique,* Paris, Minuit, 1978, p.117.

créative n'ayant pas de corrélat direct avec la réalité, les concepts mathématiques peuvent être liés en un système logique cohérent. Les particularités relevées plus haut des concepts mathématiques : caractère abstrait et possibilités de systématisation logique, permettent d'utiliser la mathématique pour construire le savoir logique organisé non seulement à l'intérieur de cette discipline, mais aussi dans les sciences de la nature. Depuis Euclide déjà, chaque chapitre de mathématique tend vers une organisation logique (en tant que système) des connaissances sur une classe déterminée d'objets abstraits. C'est dire qu'il est de bon ton de reconnaître et de remarquer que le premier système complexe de connaissances physiques, la mécanique de Newton, a été construit consciemment d'après les éléments d'Euclide. Ce souci combinatoire de systématisation du savoir va pouvoir se développer, chemin faisant, dans les procédures de formalisation et d'axiomatisation considérés par Morin comme étant au fondement des éléments de l'ancienne transdisciplinarité. Cela étant, l'approche classique de l'articulation des sciences qu'il renvoie à Frege[1] peut être justifié au moyen de l'onto-logique.

La deuxième direction est celle de la considération logique des propriétés métathéoriques caractérisant les systèmes formels déjà exposés[2]. Elles sont au nombre de cinq. La première règle consacre l'indépendance des « axiomes »[3]. Chaque axiome se doit d'être indépendant des autres. On ne peut donc pas dériver un axiome à partir d'un autre. Et pour chaque axiome il doit exister ni de démonstration pour lui-même et ni de démonstration de la négation pour ce système. Cette propriété plaide en faveur de l'autonomie absolue des axiomes. Les axiomes sont indépendants les uns les autres. Ici apparaît encore de toute évidence, la conscience de la limitation. La deuxième propriété concerne la consistance. Un système se révèle être consistant s'il existe une EBF qui n'est pas démontrable dans le système, c'est-à-dire qui n'est pas un théorème. Non A n'est pas théorème dans mon système.

---

[1] Frege-HUSSERL, *Correspondance*, TER, trad. de l'allemand par Gérard Granel, Postface de Jean-Toussaint Desanti,

[2] Souleymane Bachir DIAGNE, *Logique pour philosophes, op. cit.*, p.62-65.

[3] Robert BLANCHE, *L'axiomatique*, Paris, PUF, coll. « Le Philosophe », 1955, p.75.

La troisième propriété est celle de la « non-contradiction ». Le système se veut être fortement non contradictoire. On ne peut pas démontrer à la fois A et Ã. La complétude dispose qu'un système doit être complet. C'est une propriété dont la spécificité tient dans la saturation qu'elle consacre. Il s'agit de la complétude faible. Si on adjoint au théorème de ce système une EBF qui n'est pas de ce système, alors le système s'écroule. Il devient, en réalité, inconsistant. Enfin, la décidabilité constitue la dernière propriété métathéorique des systèmes formels. Ici, on dispose dans le système d'une procédure de décision ou d'un algorithme. Cette procédure permet d'un côté de démontrer ou de justifier les tautologies et de l'autre de démontrer les thèses du système. Au total, donc, cinq propriétés rendent parfait un système donné. On se réfère au calcul des propriétés. Par ce biais, on a voulu montrer que l'arithmétique et la théorie des nombres étaient des systèmes parfaits.

Voilà pourquoi, nous avons jugé opportun de les inscrire dans l'ancienne transdisciplinarité que Morin identifie, non sans raison, au paradigme de simplification, caractérisé à la fois par un principe de généralité, un principe de réduction, ou un principe de disjonction/simplification. Gaston Bachelard récuse cette procédure en son temps lorsqu'il prend conscience de la « connaissance approchée »[1] du réel en science physique. Tels sont les principes d'intelligibilité qui sous-tendent l'ancienne transdisciplinarité. « *Mais,* dit Morin, *aujourd'hui, les progrès même de la physique nous font considérer les insurmontables complexités de la particule subatomique, de la réalité cosmique, et les progrès mêmes de la biologie nous ouvrent les problèmes inséparables d'autonomie et de dépendance qui concernent tout ce qui est vivant. Du coup, le développement des connaissances scientifiques met en crise la scientificité qui avait suscité ce développement* »[2]. Dès lors, nous pouvons nous demander si la réflexion sur les avancées des diverses sciences biologiques, logiques, sociales et humaines, ne nous permet pas de dégager les conditions de possibilité d'une nouvelle transdisciplinarité. Pour marquer en raison et en logique la différence non moins souple qui existe entre

---

[1] Gaston BACHELARD, *Essai sur la connaissance approchée*, Paris, Vrin, coll. « Bibliothèque des textes philosophiques », 1981, p. 69.
[2] Edgar MORIN, *op. cit.*, p. 304.

l'ancienne transdisciplinarité fait signe vers l'épistémologie classique. Par contre, la nouvelle transdisciplinarité renvoie à l'épistémologie de la complexité. Morin s'y attache tout le temps en vue de mettre en relief le levier logique qui la sous-tend, non sans en rester au niveau des limitations internes des formalisations. Celles-ci mettent en route l'idée inédite de méthode de la complexité à partir des imperfections des systèmes formels.

Il est question dans ce sens d'un nouvel esprit épistémologique qui rend possible le dégagement de la portée épistémologique de la méthode de Morin. Mais, qu'est-ce que la méthode ? D'après lui, le mot « méthode » ne s'inscrit pas dans la perspective méthodologique au sens classique du terme[1]. Morin critique les méthodologies classiques qui ont le caractère apodictique et dogmatique. Chez lui se dégage une idée de la méthode qui est loin d'être simplement un discours de la méthode au sens cartésien. Il estime que la nouvelle méthode doit intégrer l'innovation et la logique et les modèles de la découverte scientifique. C'est le sens de la complexité méthodologique comme voie d'accès à la nouvelle transdisciplinarité. Parce qu'elle constitue, du moins, à notre humble avis, la matrice essentielle de la complexité épistémologique qui se construit à l'occasion de l'édition de 1977 de *La Méthode* I. Que peut-on alors en penser ?

Edgar Morin souligne le sens de la nouvelle méthode qui va pouvoir servir de voie de passage du paradigme de la simplicité à l'idée de la complexité. Il affirme que « *la première cristallisation de mon effort se trouve dans le « paradigme perdu ». Ce rameau prématuré de la Méthode, alors en gestation, s'efforce de reformuler le concept d'homme, c'est-à-dire de science de l'homme ou anthropologie* »[2]. La méthode reliante des connaissances est l'idée maîtresse de la pensée complexe, comme elle est, aux yeux des tenants de la pensée non classique, le fil conducteur qui permet de comprendre autant que faire se peut l'horizon de la complexité essentielle de la pensée scientifique.

---

[1] Il importe de distinguer naturellement « le discours de la méthode » et « le discours sur la méthode ». Au-delà de ce distinguo, il est de bon ton que Feyerabend ait aussi raison de mettre en chantier un élan de problématisation de la méthode : « Contre la méthode ». La voie vers l'anarchisme méthodologique en dit long.

[2] Edgar MORIN, *op. cit.,* p.10.

C'est sur elle en tout cas que s'ouvre son vaste traité de *La Méthode*. C'est le problème philosophiquement fondamental de la règle d'interprétation transversale des phénomènes simples et complexes. D'après lui « *le problème fondamental est donc de rétablir et interroger ce qui a disparu dans la dissociation : cette relation même. Il est donc de première nécessité, non seulement de réarticuler individu et société, mais aussi d'effectuer l'articulation réputée impossible entre la sphère biologique et la sphère anthropo-sociale* »[1]. La complexité réintègre le simple au sein du complexe. Elle sert donc de médiation entre les sciences, entre les connaissances et même entre les cultures. Elle est combinatoire et articulatoire de sens. Ce faisant, elle touche à des domaines particulièrement variés : l'anthropologie, l'architecture, l'art, la culture, la démographie, l'économie, l'esthétique, l'ethnologie, la géographie, l'histoire, la linguistique, la littérature, la philosophie, la poétique, la politique, la psychanalyse, les sciences formelles, les sciences de la terre et de vie, les sciences exactes, les sciences de l'éducation, la sociologie, le théâtre, l'urbanisme, l'éthique... L'approche se veut pluridisciplinaire et tend vers la transdisciplinarité malgré ses difficultés interne au système complexe.

Présente dès l'*Homme et la Mort*, la méthode de la complexité va pouvoir se déployer de tome en tome jusqu'au niveau de *L'éthique*. *D'après* Morin : « *Nous avons besoin de ce qui nous aide à penser par nous-mêmes : une méthode. Nous avons besoin d'une méthode de connaissance qui traduise la complexité du réel, reconnaisse l'existence des êtres, approche le mystère des choses. La méthode de la complexité qui s'élabore dans ce premier volume demande : De concevoir la relation entre ordre/désordre/organisation et d'approfondir la nature de l'organisation. De ne pas réduire le phénomène à ses éléments constitutifs ni l'isoler (ou l'abstraire) de son environnement. De ne pas dissocier le problème de la connaissance de la nature de celui de la nature de la connaissance. Tout objet doit être conçu dans sa relation avec un sujet connaissant, lui-même enraciné dans une culture, une société, une histoire* »[2]. Ce « *leitmotiv* » de la méthode, présent dès son introduction générale,

---

[1] *Ibid.*

[2] Edgar MORIN, *op. cit.*

constitue l'âme de la méthode de la complexité et laisse entrevoir l'unité de la recherche d'Edgar Morin qui est dans le souci d'une connaissance ni mutilée, ni cloisonnée, qui puisse respecter l'individuel et le singulier tout en l'insérant logiquement dans son contexte et son ensemble.

Dans ce sens, la méthode de la complexité, signifie, par vocation[1], la traduction en concepts logiques une première complexité existentielle. Enfin de parcours de la méthode, elle revendique le paradigme de la complexité, en s'opposant au paradigme de la simplicité, disjonctif, et isolant. Elle l'intègre aussi en cohabitant avec lui, pour réaliser une sorte de combinatoire. Une combinaison complexe qui s'efforce de joindre ce qui paraît complet et ce qui ne l'est pas, met ensemble la concorde et la discorde, l'harmonie et le désaccord. Autrement dit, la méthode de la complexité consacre la reliance non seulement des êtres, des choses ou des phénomènes, mais aussi des procédures, des connecteurs logiques et même des foncteurs de vérité pour reprendre les termes propres aux logiciens.

Dans *La méthode I,* Morin en éclaire l'intelligence d'ensemble : « *En effet, relier et isoler doivent s'inscrire dans un circuit récursif de connaissance qui ne s'arrête ni se réduit jamais à l'un des deux termes : isoler-relier* »[2]. La méthode de la complexité dont Morin est pratiquement l'inventeur est une rationalité procédurale qui envisage la séparation et le lien, la disjonction et la conjonction, l'inclusion et le rejet, l'analyse et la synthèse dans une espèce d'association bissectrice. Il ne s'agit donc plus de savoir comment couper des liens entre les sciences, au contraire, nous devons nous employer de voir comment communiquer le savoir rationnel à tous les niveaux, comment communier entre chercheurs, malgré la séparation causée par l'objet de nos disciplines respectives, la différence et la diversité d'approches méthodologiques.

La méthode de la complexité signifie : tresser, enlacer, conjuguer. Ces actions consistent à retrouver aussi le contraire du mouvement premier, le relâchement de ce qui paraît indubitable. La séparation entre les sciences, au cœur même de l'union correspond,

---

[1] Edgar MORIN, *op. cit.*, p. 305.
[2] Edgar MORIN, *op. cit.*, p. 382.

paradoxalement, au « nœud gordien ». C'est une image dialogique de la complexité. Il faut maintenir jusqu'au bout la tension des contraires. C'est la vertu de la méthode de la complexité. C'est la même opération de l'esprit quand Morin évoque la pensée tripolaire, c'est-à-dire « inhérence-séparation-communication ». Il s'agit d'une critique de la séparation radicale que le postulat métaphysique opère entre sujet et objet comme préalable à toute communication des entités. Il est question d'une corrélation entre l'accroissement de la distance entre le sujet pensant et le monde, ainsi que l'accroissement de la connaissance du monde[1].

Au fond, cette complexité dialogique met en avant la « grande relationalité »[2] entre les phénomènes et les esprits comme procédure justifiant la relation complexe entre « émergence, complexité et dialectique » pour comprendre ce que Teilhard de Chardin appelle « le phénomène humain »[3]. A partir de la « dialectique », selon l'expression de Lucien Sève[4], par cette relation, un travail collectif entre des scientifiques et des philosophes est envisagé, et ce, au cœur même de la complexité. Il estime enfin que le débat[5] d'idées qui s'instaure entre les différentes branches de la complexité est un espace ouvert. Pour ce faire, la méthode elle-même peut être considérée comme un vaste système de communication entre les disciplines. Mais elle ne s'y réduit pas. Elle s'efforce de mettre en avant et en forme les modes d'action de la pensée qui relie l'homme et son environnement, le monde et l'écologie. Ces médiations sont rendues possibles par d'autres aspects de la dialogique : antagonisme, concurrence et complémentarité plus nettement. Par-delà la relation, la méthode de la complexité éclaire on ne peut mieux la relation entre « connaissance

---

[1] Jean-Louis BOURSIN, *Les structures du hasard. Les probabilités et leurs usages* Paris, Seuil, coll. « Sciences », 1986, p. 90. Ici l'auteur soulève « les problèmes de corrélation ».

[2] Edgar MORIN, *op. cit.*, p. 342-364.

[3] Pierre TEILHARD De CHARDIN, *Le phénomène humain*, Paris, Seuil, coll « Points », 1955, p. 189.

[4] Lucien SEVE, *Emergence, complexité et dialectique. Sur les systèmes dynamiques non linéaires,* (dir.), Paris, Odile Jacob, 2005, p. 69.

[5] On retrouve chez Jean LARGEAULT, un chapitre consacré « aux règlements de comptes entre épistémologues », dans *Enigmes et controverses. Quelques problèmes en théorie de la connaissance,* Paris, Aubier Montaigne, coll. « Analyse et raisons » 1980, p. 81.

créativité et mystère ». En cela, elle respecte la part d'ombre inscrite au cœur du réel en tant que signe d'une complexité étrangement inquiétante, mais essentiellement consubstantielle à l'être[1].

La vérité apparaît, dans cette procédure, elle-même comme énigme qui ne laisse jamais découvrir sa part d'ombre. Ainsi, « *après toute explication, tout éclaircissement, tout, rationalisation, le caractère énigmatique persiste. L'énigme résolue, cette solution devient elle-même la grande énigme* »[2]. Par ailleurs, il paraît judicieux de rappeler que la méthode de la complexité tire ses sources controversées dans la méthode cartésienne en référence au *Discours de la méthode pour bien conduire sa raison et chercher la vérité dans les sciences.* Morin part de l'anti-méthode ou l'a-méthode pour rendre compte de la crise des fondements logiques des savoirs modernes. A ce propos, Morin écrit : « *Il s'agit bien ici d'une méthode, au sens cartésien, qui permette de « bien conduire sa raison et chercher la vérité dans les sciences ». Mais, Descartes pouvait, dans son discours premier, à la fois exercer le doute, exorciser le doute, établir les certitudes préalables, et faire surgir la Méthode en Minerve armée de pied en cap. Le doute cartésien était sûr de lui-même. Notre doute doute de lui-même, il découvre l'impossibilité de faire table rase, puisque les conditions logiques, linguistiques, culturelles de la pensée sont inévitablement préjugeantes. Et ce doute, qui ne peut être absolu, ne peut non plus être absolument vidange* » [3] En dépit du fait que la méthode de Morin s'enracine, en quelque manière dans celle envisagée par Descartes, la complexité méthodologique en perspective a une portée philosophique et non pas sociologique. Donc, à la méthode cartésienne qui divise les difficultés et les traitent une à une et partie à partie coupant ainsi ce qui lie les parties en produisant *ipso facto* une connaissance mutilée, répond une autre méthode pour qui la connaissance des parties ne prend sens que si on la lie à la connaissance du tout.

---

[1] Antonia SOULEZ, *Détrôner l'être. Wittgenstein antiphilosophe* ? (En réponse à Alain Badiou), Paris, Lambert-Lucas, coll. « Le discours philosophique », 2016, p.22.

[2] Edgar MORIN, *Le vif du sujet,* Paris, Seuil ,1969, p. 27.

[3] Edgar MORIN, *op. cit.,* p. 15.

Pareille thèse suffisamment éclairée et défendue au niveau des principes de la complexité par Morin a des implications dans le domaine particulier de la « phénoménologie ». En témoigne l'explication du sens du mot « complexe » par Jocelyn Benoist[1]. Ainsi, la méthode de la complexité qui constitue un besoin historique et théorique certain, aujourd'hui, tient compte de deux forces contraires, contradictoires, subcontraires, incompatibles, qui la régissent. Aux principes méthodologiques de la complexité se trouvent engagées deux forces dialogiques dont l'une combat l'autre avec une énergie égale. C'est-à-dire que « *l'une aspire à éclairer le monde avec les lumières de l'esprit, à expliquer rationnellement l'univers ; l'autre, au contraire, résistant a l'éclaircissement, vise à garder intacte la part d'ombre de l'univers* »[2]. A la faveur de cette méthode nouvelle, Morin est conduit à la recherche de la certitude et non pas dans sa possession[3]. Car dans l'enfermement technocratique et techniciste de la recherche scientifique fut et demeure l'une des figures de la simplification mutilatrice des phénomènes qui est porteuse de de nuisances à l'époque contemporaine. Elle donne lieu à la théorie des catastrophes et à l'étude épistémologique des « lois du chaos »[4].

Mais, au-delà, c'est-à-dire dans le cadre philosophique contemporain du langage, il y a l'articulation des raisons dont Robert Brandom examine l'intérêt grâce à « l'introduction à l'inférentialisme »[5]. Quant à Morin, il n'hésite pas à dénoncer quand il écrit *Pour sortir du XXe siècle*, où il veut examiner les problèmes contemporains de la connaissance, et ce, dans l'esprit de la méthode de la complexité et de la complexité de la méthode. Ce siècle passé, s'est donné des moyens classiques très mutilants en quête de certitudes qui sont, malheureusement, des fausses certitudes. Dans ce

---

[1] Jocelyn BENOIST, Préface, « Que le complexe n'est pas du simple plus compliqué », dans Fausto FRAISOPI, *La complexité et les phénomènes. Nouvelles ouvertures entre science et philosophie*, Paris, Hermann, 2012, p. 9-13.

[2] Edgar MORIN, *La complexité humaine,* Paris, Flammarion, 1994, p.94.

[3] Edgar MORIN, *Mon chemin*, Paris, Fayard, 2008, p. 75.

[4] Ilya PRIGOGINE, *Les lois du chaos*, Paris, Flammarion, 2008, p. 103.

[5] Robert BRANDOM, *L'articulation des raisons. Introduction à l'inférentialisme*, trad. de l'anglais (Etats Unis) par Claudine Tiercelin et Jean-Pierre Cometti, Paris, Cerf, coll. « Passages », 2009, p. 63.

sens, Morin essaie de voir « comment on peut vivre en temps de crise »[1]. Aujourd'hui, « temps de crises »[2] les fausses certitudes qui sont redevables au paradigme de l'évidence cartésienne commencent peu à peu à s'effondrer, à cause de la crise des fondements. Ainsi s'éclaire cette phrase de la fin de la *Méthode I* qui semble tomber comme une foudre du ciel : « *La connaissance portée à l'absolu est autodestructrice. Cette proposition vaut pour toute science, concernant tout objet, tout phénomène, tout être et bien sûr l'univers dans son ensemble* »[3]. Se pose alors le problème des limitations de la connaissance humaine abordé par Morin suivant des conditions bio-anthropo-sociologiques de la connaissance qu'il développe dans *Le Paradigme perdu : la nature humaine*[4]. Qui plus est, l'accès à la méthode de la complexité passe par la connaissance des limites de la connaissance. En fait, la thèse de la méthode interdisciplinaire s'éclaire aussi des considérants fondamentaux de l'épistémologie de la complexité et surtout de sa conception de l'inachèvement des savoirs. Autant l'homme est faillible, autant la connaissance scientifique est inachevée : « *Vu la multi dimensionnalité des caractères de la connaissance et la complexité des problèmes qu'elle pose, il est nécessaire d'effectuer le difficile dialogue entre la réflexion subjective et la connaissance objectivé* »[5]. C'est une critique tant soit peu incisive du paradigme de simplification et qui débouche, on s'en doute bien, sur le dépassement des principes classiques de la connaissance scientifique. Elle plaide pour une intégration dialogique des réalités informes longtemps expulsées et mutilées par la science classique.

Pareille démarche épistémo-logique révèle bien une véritable révolution paradigmatique selon laquelle l'épaisseur des évidences est minée, la tranquillité des ignorants est secouée, les alternatives ordinaires perdent visiblement leur caractère absolu. Autant d'autres alternatives se dessinent ; autant ce que l'autorité scientifique a occulté, ignoré, rejeté, laissé pour compte sort de l'ombre. Morin

---

[1] Edgar MORIN et Patrick Viveret, *Comment vivre en temps de crise* ? Paris, Bayard, 2010, p. 17.

[2] Michel SERRES, *Temps de crises*, Paris, Le Pommier, coll. « Poche », 2012, p. 11.

[3] Edgar MORIN, *op. cit.*, p. 356.

[4] Edgar MORIN, *Le paradigme perdu : la nature humaine*, Paris, Seuil, coll. « Essais »,1979, p. 127.

[5] Edgar MORIN, *op. cit.*, p. 21.

s'attache à dire que ce qui semblait constituer le socle de la connaissance se fissure suivant la perspective épistémologique de la complexité. Il écrit, de plus, que « *ce qui permet notre connaissance limite notre connaissance et ce qui limite notre connaissance permet notre connaissance* »[1]. Parce que l'idée d'inachèvement, consubstantielle de celle de complexité, se révèle absolument inséparable de l'ultime principe dialogique, principe qui sert de fondement logique et de caution épistémologique à la rationalité critique et ouverte de Morin dont les incidences immédiates dans le domaine de la logique vont de soi.

A ce stade, il s'établit alors un lien évident entre la logique et la méthode de la complexité. Il se trouve que la complexité est inscrite au cœur même du discours logique dont l'épistémologie de la logique du XXe siècle nous a déjà livré le secret. « *Mieux encore,* ajoute Morin*, les sciences les plus dures ont suscité de l'intérieur une véritable efflorescence philosophique... En fait, les grandes questions scientifiques sont devenues philosophiques parce que les grandes questions philosophiques sont devenues scientifiques* »[2]. Quand une discipline scientifique définit son appartenance à la transdisciplinarité au moyen de la méthode de la complexité, cela ne signifie pas, pour Morin, épouser la voie du particularisme substitué à l'universalisme, deux doctrines qui participent de la logique binaire, réductrice. Il ne s'agit pas de promouvoir une universalité qui se mire dans le particulier, enclos dans la différence épistémologique ou chromatique, du point de vue du statut. Il ne s'agit pas non plus d'une particularité qui se dilue dans l'universel.

La méthode de la complexité s'inscrit en faux contre deux façons de se perdre dans la simplification : la dilution dans l'universel et la ségrégation murée dans le particulier. Dès lors, l'Universalité dont il est question est celle qui se réalise dans l'assomption du particulier, en tenant compte de tous les apports conceptuels venant de toutes les disciplines scientifiques. Il va sans dire que l'universalité[3] qu'il importe de promouvoir est celle qui épouse la voie de l'ouverture

---

[1] *Ibid.*, p. 222.

[2] *Ibid.*, p. 20-21.

[3] Souleymane Bachir DIAGNE, « Difficultés de la notion d'universalité », in *Revue sénégalaise de Philosophie*, Revue trimestrielle, 7-8, 1985, p. 152.

critique aux autres sciences dites non exactes et aux autres cultures. Une telle voie transversale permettra aux épistémologues de notre temps de s'accomplir dans un espace conceptuel métissé.

La nouvelle méthode nous conforte à penser que pratiquer la métaphysique pure est un truisme : aucune science, aucune philosophie n'existe à l'état pur, fermée sur elle-même. Aucun scientifique, philosophe ne vit désormais coupé des autres domaines de la connaissance. Aucune science n'est pure. Aucune philosophie n'est pure de société, d'histoire et de culture. L'exigence éthique[1] est au cœur de cette symbiose. Philosopher aujourd'hui et même depuis Platon, c'est questionner, c'est-à-dire formuler une pensée critique à partir de la condition historique, existentielle et culturelle de la communauté à laquelle le philosophe appartient. Le philosophe n'est pas un être fantastique, comme certains le croient.

Mais il est un sujet embarqué sur la situation et l'esprit de son temps. Lorsqu'il dit « je », il est toujours situé et pensé ou pensant quelque chose ou par quelque chose le dépassant, le déjà pensé ou passé, c'est-à-dire la communauté. Prendre la pleine mesure de la distance épistémologique qui sépare la logique non classique du logicisme réducteur teinté de positivisme dans lequel et par lequel le Cercle de Vienne prétendit fonder de la certitude, c'est, *ipso facto,* noter qu'utilement la fin des certitudes en logique paraît être le moment à partir duquel on explique avec raison l'un des effondrements. Il débouche sur le progrès de la connaissance scientifique qui a tant préoccupé Paul Feyerabend[2] et Thomas Kuhn.

A cet effet, il s'est produit, dès 1931, sur le plan de la logique mathématique, et ce, à la faveur du théorème d'indécidabilité forgé par Gödel. C'est un tournant épistémologique dont les effets sont de nature à justifier ce que Paul Feyerabend appelle « une connaissance

---

Souleymane Bachir DIAGNE, « Faire l'humanité ensemble et ensemble habiter la terre », *Présence Africaine*, Paris, n° 193, pp.11-19.

Paul K. FEYERABEND, *Deux lettres à Thomas Kuhn. Sur une version préparatoire de La structure des révolutions scientifiques*, trad. de l'anglais par Emmanuel Malolo Dissakè, Paris, Dianoia, coll. « Fondements de la Philosophie Contemporaine des Sciences », 2012, p.61.

sans fondements »[1]. Dans la même veine, Marie-Louise Roure abordant quelques problèmes métathéoriques inhérents à la logique contemporaine, en dégage la substance : « *Si de la logique des prédicats du 1er ordre on passe à la logique des prédicats d'ordre supérieur, la situation se présente d'une manière très différente. Toutes les tentatives faites pour démontrer, selon des procédés rigoureux, le caractère non contradictoire de la logique des prédicats d'ordre supérieur ou d'un système assez puissant pour formaliser les mathématiques, toutes ces tentatives ont abouti à un échec* »[2]. L'échec du positivisme dont il est question éclaire autant que faire se peut les limites internes des langages formalisés fournissant ainsi des lumières décisives sur ce qu'un système formel, axiomatisé peut et ne peut pas réaliser. C'est un échec qui conduit à reconnaître le caractère irréalisable du projet hilbertien de démonstration de la non-contradiction formelle des mathématiques.

De cet échec, Gödel lui-même devait donner l'explication que Roure traduit de la manière suivante : « *1° Si un système non contradictoire est assez puissant pour formaliser l'arithmétique récursive, il contient nécessairement des énoncés indécidables, à savoir dont on ne peut pas dire s'ils sont ou non démontrables dans le formalisme du système. 2° Si un système est assez puissant pour formaliser l'arithmétique, il est impossible de démonter sa non contradiction avec les seules ressources de ce système : pour le faire, il faut recourir à des procédés, de démonstration qui lui sont extérieures* »[3]. Ces deux théorèmes montrent les limites d'un langage ou d'un métalangage[4] complet.

Il serait fondé sur ses propres axiomes parce que, désormais, chaque formulation consistante de la théorie des nombres inclut, des

---

[1] Paul FEYERABEND, *Une connaissance sans fondements*, trad. de l'anglais par Emmanuel Mololo Dissakè, Paris, Dianoia, 1999, p.67.

[2] Marie Louise ROURE, *Eléments de logique contemporaine,* Paris, PUF, 1967 p.122.

[3] Marie Louise ROUSE, *op. cit.,* p. 123.

[4] Auguste NSONSISSA, « Langage et métalangage : conjonction naturelle ? Le fantôme de Tarski est toujours avec nous », *Le Cahier philosophique d'Afrique* Ouagadougou, PUO, n° 0015, p. 227.

proportions décidables[1]. Par conséquent, on devrait pouvoir admettre qu'il est possible, en fonction de l'application de la méthode de la complexité en logique, de construire des logiques du 1er, 2e et même 3e ordre en introduisant des variables prédicatives d'ordre 2, qui correspondent à des prédicats et qui prennent pour arguments des variables d'objets ou des variables prédicatives d'ordre 1. Morin de s'en inspire : « *Le théorème de Gödel est généralisable à tout système théorique ; nulle chaîne axiomatique ne peut se refermer sur elle-même, elle comporte toujours au moins une proposition indémontrable ; autrement dit, nulle théorie ne peut trouver en elle-même sa propre preuve : il y a toujours une brèche, une insuffisance, mais qui est aussi une ouverture aussi bien sur l'inconnu que sur une métathéorie qui, elle-même, comportera sa brèche et son ouverture* »[2]. A ce stade de la réflexion, force est de convenir que les faits de « limitation des formalismes »[3] ruinent définitivement l'ambition leibnizienne, booléenne et même frégéenne de résoudre tous les problèmes fussent-ils philosophiques, par le simple calcul.

C'est ainsi qu'il devient de bon ton, en logique, non seulement de reconnaître à la méthode de la complexité sa fonction heuristique considérable, mais aussi et surtout de se donner et de se doter d'une « culture de l'incertain » pour parler comme Bachir Diagne. On peut désormais dépasser la mathématisme qui apparaît comme le système logique par excellence. La méthode de la complexité fonctionne bien en logique. Elle croit pouvoir établir non sans raison et d'une manière frappante qu'il y a toujours une brèche, une insuffisance, mais qui est aussi une ouverture, aussi bien sur l'inconnu que sur une métathéorie qui, elle-même, comportera sa brèche et son « ouverture »[4]. On sait fort utilement qu'« *en établissant, en effet, et d'une manière particulièrement frappante pour les esprits habitués aux démonstrations rigoureuses, qu'il est impossible de construire un*

---

[1] Auguste NSONSISSA, *Recherches philosophiques sur les théories des formes complexes,* Paris, L'Harmattan, coll. « Ouverture philosophique », 2015, p. 56.

[2] Edgar MORIN, *L'unité de l'homme 3. Pour une anthropologie fondamentale,* Paris, Seuil, 1974, p. 15.

[3] Jean LADRIERE, *L'articulation du sens. Discours scientifique et parole de la foi,* Paris, Aubier Montaigne, 1970 ; p. 165.

[4] Alain BOYER, « La rationalité ouverte », *Karl Popper : un philosophe dans le siècle,* (dir.), vol. 11, Cahier I/ 2007, *Philosophie Scientiae*, Paris, Kimé, pp. 3-19.

système logique dont la puissance soit suffisante pour formaliser l'arithmétique et qui soit en même temps non contradictoire et décidable, le formalisme s'est assigné à lui-même ses propres limites. Il est désormais acquis, sans contestation possible, que lorsqu'il revêt une certaine puissance tout formalisme en arrive à poser correctement des problèmes, par exemple celui de sa non-contradiction ou celui de sa décidabilité, à la solution desquels il ne peut apporter aucune réponse : le « pensable », en termes de formalisme, ne coïncide plus avec le justifiable »[1]. La méthode de la complexité a pour rôle de montrer, non pas l'échec des méthodes formalisées, mais le fait que la pensée de la pensée logique n'élimine pas, par principe inclusif, le flou, l'incertain, l'ambigu et, bien sûr, le contradictoire. De la sorte, on pensera autrement la logique[2]. C'est-à-dire qu'on peut voir comment elle passe, paradoxalement, de la logique à la théologie[3] pour ainsi dire.

On peut mettre la logique au service d'une pensée qui veut rendre compte des complexités des langages logiques, des univers du discours logique. Car, la méthode de la complexité « *part des phénomènes à la fois complémentaires, concurrents, antagonistes, respecte les cohérences diverses qui s'unissent en dialogiques et poly logiques, et par là affronte la contradiction par des voies logiques. Dans ce sens, la pensée complexe est la pensée qui veut penser ensemble les réalités dialogiques poly logiques tressées ensemble (complexus). La pensée complexe doit dépasser les entités closes, les objets isolés, les idées claires et distinctes, mais aussi ne pas se laisser enfermer dans la confusion, le flou, l'ambiguïté, la contradiction. Elle doit être un jeu/travail avec/contre l'incertitude, l'imprécision, la contradiction* »[4]. Les présupposés logiques de la complexité ainsi perçus autorisent à penser l'émergence de l'alogique et de l'illogique au cœur même de la logique. C'est dire que la logique est un espace ouvert sur l'irrationnel. Marie Louise Roure paraît lucide encore en précisant que « *si le formalisme, une fois constitué, peut se développer*

---

[1] Marie Louise ROURE, *Eléments de logique contemporaine, op. cit.*, p.123.

[2] Pascal ENGEL, *La norme du vrai. Philosophie de la logique*, Paris, Gallimard, coll. « Essais », 1989, p. 253. Chapitre X, « Le vague et ses espèces ».

[3] Jules VUILLEMIN, *De la logique à la théologie. Cinq études sur Aristote*, Paris, Flammarion, 1967, p. 221.

[4] Edgar MORIN, *op. cit.*, p. 367.

à son plan propre, il ne lui est jamais possible à lui seul à se dépasser ni d'être parfaitement clair à lui-même. Lorsqu'il devient insuffisant, il faut une nouvelle initiative de la pensée pour forger un formalisme adéquat. Lorsqu'il cherche à se récupérer par la réflexion, il se trouve entraîné dans une sorte de transgression indéfinie de ses limites, qui l'oblige à revenir à une source d'évidence qui déborde le formalisme, et qui ne peut être que l'intuition, source et garant de toute vérité »[1]. La méthode de la complexité fait apparaître en logique, l'indécidable qui vient enrichir la pensée.

Les ratés de la logistique trahissent sa richesse et non la carence du champ logique dans lequel la raison logique opère avec efficacité. « le paradigme de l'ininterprétable » dont les intuitions sont déjà présentes dans la logique de la pensée de Boole[2] qui s'infiltre dans les propositions exprime non la faiblesse, mais l'excellence des constructions des systèmes logiques : *« Et ce champ,* précise Roure, *au plan objectif de la construction des systèmes, lus rigoureux, plus puissants ou plus généraux, et indéfiniment extensible*[3]. C'est autant dire que la logique classique moderne tributaire du paradigme disjonctif-réducteur est aussi biodégradable. Car son imperfection éclairée aujourd'hui au plan logique est une des faces de sa complexité implicite.

L'examen de ces problèmes et d'autres analogues ont préoccupé les recherches entreprises par Maurice Merleau-Ponty qui révèle *« que la formalisation soit toujours rétrospective, cela prouve qu'elle n'est jamais complète qu'en apparence, et que la pensée formelle vit de la pensée intuitive* »[4]. Ainsi, même Boole se livre à la découverte du paradigme de l'ininterprétable au sein de l'interprétable, en tenant compte de cette complexité interne à la logique sont le rôle est plutôt intégrateur. Ce logicien l'applique indirectement lorsqu'il prend la mesure des trous d'intelligibilité qui jonchent le caractère

---

[1] Marie ROURE, *Eléments de logique contemporaine, op. cit.*, p. 124

[2] L'on a l'habitude de dire de BOOLE qu'il a complètement mis en cause tout ce qui relève de la pensée complexe. Mais, penser l'ininterprétable peut donner lieu à quelque pondération dans sa façon de penser la logique.

[3] Marie Louise ROURE, *op.cit.*

[4] Maurice MERLEAU-PONTY, *Phénoménologie de la perception, 3e éd.,* Paris, 1945, p. 442.

mathématique et logique du raisonnement auquel il est fermement attaché au départ de sa réflexion sur l'algèbre. « Les procédures algébriques de Georges Boole et leur signification logique »[1] se doublent, donc, du paradigme de l'interprétable au cœur de l'interprétable. Souleymane Bachir Diagne trouve chez Boole un optimisme du symbolique : « *Il faut remarquer que seul un faible profit serait tiré de l'usage d'une méthode symbolique en logique. Peut-être le gain serait-il confiné à celui de l'emploi de symboles courts et pratiques à la place de signes plus compliques* »[2]. Tout se passe, maintenant, comme si l'interprétation de toute la chaîne déductive s'inscrivait dans la ligne de la pensée complexe à cause de l'émergence des procédures aveugles qui ne peuvent plus se libérer de la nécessité de se donner le garant intuitif géométrique ou trigonométrique. Ce moment paraît inaliénable parce qu'il est constitutif du sens in interprétable du signe.

C'est un phénomène inattendu, en fait, qui n'a pas toujours d'analogue dans la réalité, mais qui contribue efficacement à la conquête de la vérité[3] et à l'explication non moins fondée de la connaissance et du ciment des choses. Ce sont, donc, des idéalités ou des monstres cognitifs c'est-à-dire des phénomènes impensables qui permettent d'asseoir l'interprétation donnée des choses. C'est le cas des monstres mathématiques que Boole analyse avec soin dans *Les lois de la pensée* et même au-delà en faisant appel à l'exemple du nombre imaginaire, in interprétable en arithmétique. Bachir Diagne en vient à conclure : « *Ce qui veut dire donc qu'il est de la nature même du raisonnement symbolique de faire la place à l'in interprétable afin de faire plus, (...) la procédure symbolique est un gain, un surcroît véritable par cela même qu'elle est aveugle pour parler comme Leibniz. L'efficacité même du symbolisme est dans l'in interprétable sans lequel il n'aurait que l'intérêt de la sténographie : une simple*

---

[1] Souleymane Bachir DIAGNE, « Les procédures algébriques de G. Boole et leur signification logique », *Annales de la Faculté des Lettres et Sciences Humaines* de l'Université de Dakar, 1986, ou *Revue sénégalais de philosophie,* n°9, Janvier-Juin, 1986, p. 29.

[2] George BOOLE, *Les lois de la pensée,* trad. franç., par S. Bachir Diagne, Paris, Vrin, 1990, p. 67.

[3] *Ibid.*

réécriture qui n'est pratiquée que parce qu'abrégée[1]. Cette prise de conscience de l'ininterprétable par Boole permet de dire que son positivisme peut être alors nuancé. De plus, il y a comme une véritable métaphysique accompagne non seulement son algèbre, mais aussi et surtout son discours logique ou la version de son algèbre. En conséquence, la voie est ainsi ouverte de la dérive logiciste pour ainsi dire, menant alors à la rationalité ouverte et complexe de type scientifique. Cette crise des fondements se veut transversale parce qu'elle prend corps dans tous les domaines de la connaissance humaine. Morin renchérit : « *La crise des fondements de l'éthique se situe dans une crise généralisée des fondements de certitude : crise des fondements de la connaissance philosophique, crise des fondements de la connaissance scientifique* »[2]. Au nombre des fondements qui s'écroulent, le philosophe français met en avant la crise des fondements logiques et mathématiques qui est déterminante et ce, dans la mise au jour du projet transdisciplinaire dont Basarab Nicolescu se fait l'écho. En effet, la logique non classique étant devenu le foyer procédural de la complexité, il est de bon aloi qu'elle soit son sujet de préoccupation. C'est le principe du « tiers inclus » qui permet de justifier cette crise des fondements logiques. Cela tient dans le fait souvent inaperçu que la crise sert à donner une nouvelle orientation à la rationalité et aux révolutions scientifiques[3].

Ce nouveau principe est redevable à la logique dite « dynamique du Contradictoire » de Stéphane Lupasco[4]. Théoriquement, le tiers inclus donne à entendre le seuil logique de la contradiction maximale ou, directement, l'état le plus contradictoire de la matière-énergie[5]. Ce que le physicien appelle l'« état T ». Par-delà la physique, ce principe se vérifie aussi et surtout en logique. Le tiers inclus s'oppose logiquement au principe du tiers exclu de la logique classique à savoir que seules sont admises dans un système deux valeurs de vérité que

---

Souleymane Bachir DIAGNE, *op. cit.*, p. 47.

Edgar MORIN, *op. cit*, p. 22.

Emboussi NYANO, *Thomas S. Kuhn et la philosophie des révolutions scientifiques. Une épistémologie darwinienne*, Paris, Dianoia, 2014, p.74.

Stéphane LUPASCO, *Les trois matières*, Strasbourg, Editions Cohérence, 1982, p.19.

Stéphane LUPASCO, *Du devenir logique et de l'affectivité*, Paris, Vrin, 1973, p.75.

sont le vrai et le faux. Car il n'existe pas de tierce possibilité. Nous pouvons prendre pour exemple les « logiques modales » ou « plurivalentes » qui relativisent tout en l'affaiblissant le principe du tiers exclu (*tiertium non datur)*, et admettent une troisième valeur (*tertium datur*) ou même toute une échelle de valeurs.

La logique dynamique du contradictoire s'applique naturellement à la logique de l'énergie et s'étend aux événements énergétiques ou logiques que nous pouvons ramener aux processus comme l'homogénéisation et l'hétérosuggestion symbolisées par l'implication et la non implication, susceptibles de garantir tous les degrés d'actualisation et de potentialisation d'une pratique scientifique et d'une évolution de la pensée logique. Selon Morin[1] le tiers inclus fonctionne comme un principe de transgression logique nécessaire, inséparable du principe dialogique, c'est-à-dire le même système logique ou philosophique peut avoir en soi son propre antagonisme, sa propre « multiplicité », par exemple, dans le domaine de la psychanalyse, on peut admettre la contradiction entre le « Moi » et le « non Moi » ou le conscient et le non-conscient. Cela veut dire que le principe d'identité est, effectivement, complexe. Sa complexité logique tient à la nature combinatoire de l'hétérogénéité et de la pluralité dans l'unité. Dans ce sens, le principe du tiers inclus laisse entrevoir la dialogique de « Même » et de l'« Autre » dans la médiation. Il échappe fondamentalement à toute alternative disjonctive qui travaille à séparer les sciences[2].

Au moyen de ce nouveau principe, on peut reconsidérer les sciences humaines, sociales ou morales[3] longtemps prises pour non scientifiques et les relier. Pour toutes ces raisons, il sert d'axiome dialogique capable de justifier l'acte épistémologique de relier les connaissances. S'ouvre alors la piste qui conduit le nouvel esprit scientifique à la nouvelle articulation des sciences. Logiquement, elle appartient à la métalangue. Elle est une implication méta-systémique de la complexité considérée par Morin comme un défi. Elle renvoie à

---

[1] Edgar MORIN., *op. cit.*, p. 255-312.
[2] Edgar MORIN, *op. cit.*, p.10-11.
[3] Jürgen HABERMAS, *Connaissance et intérêt*, trad. de l'allemand par Gérard Clémençon, Paris, Gallimard, coll. « Bibliothèque de Philosophie », 1976, p. 197.

un principe dialogique relativisé à partir du principe de « non-contradiction »[1].

Ce principe logique relatif à l'ancienne logique[2] d'obédience aristotélicienne se veut, désormais, transversal, parce qu'il s'applique à toutes les sciences « exactes », « empiriques », « analytiques ». Dans cette nouvelle perspective, on ne saurait abolir le principe du tiers exclu. On devrait, plutôt, l'enrichir en fonction de la complexité du réel. Classiquement, le principe du « tiers exclu » vaut uniquement pour les cas des sciences formelles, adossées au principe du simple. Pourtant, la science elle-même obéit à la logique du simple et du complexe ; car elle n'est pas « unijambiste ».

Ce faisant, elle progresse, favorisant ainsi les nouvelles médiations épistémologiques que nous allons tenter d'analyser au chapitre suivant autour d'une enquête sur un nouveau paradigme de la science du complexe. Ce programme épistémologique a ceci de particulier qu'il permet de distinguer, dans le fond, l'ancienne articulation des sciences de la nouvelle articulation dont le fil conducteur est l'instauration d'un projet transdisciplinarité, malgré ses difficultés théoriques de réalisation effective ainsi que nous les avions déjà soulignées dans nos travaux antérieurs. Il se trouve que Morin lui-même l'avoue franchement. Seulement, le plus important est de signaler que la mise en route vers les nouvelles approches de la transdisciplinaire en dépendent.

Dans tous les cas, il nous paraît nécessaire d'aller de l'avant sur ce double mouvement, c'est-à-dire passer de l'ancienne à la nouvelle transdisciplinarité. Un mouvement qui nous semble d'une grande richesse philosophique et épistémologique pour ainsi dire. Car la logique contemporaine ne peut pas se déployer sans complexité et surtout sans éthique de la reliance des connaissances.

---

[1] Ludwig WITTGENSTEIN, *Remarques philosophiques,* trad. de l'allemand par Jacques Fauve, Paris, Gallimard, coll. « Tel », 1975, p.305.

[2] Denis VERNANT, *Questions de logique et de philosophie*, Paris, Editions Mimésis, coll. « Philosophie », 2018, p. 285.

Chapitre deuxième : Edgar Morin et la métascience

Le chapitre précédent a travaillé à mettre au jour le caractère à la fois simple et complexe du calcul logique comme lieu d'élucidation du sens de l'ancienne articulation des sciences. Notre tâche a consisté à montrer que la formalisation et la mathématisation de la logique devenue moderne sont enclines aussi à la complexité épistémologique. Quand bien même Morin aurait pensé que ces doctrines classiques fondent plutôt les éléments de l'ancienne transdisciplinarité. Sous le prétexte théorique qu'elles ne recèlent rien de principe qui soit de nature à conduire vers le paradigme de la complexité. Nous venons de critiquer la thèse morinienne selon laquelle la logique moderne est redevable uniquement au paradigme de la simplicité.

Or il est aussi possible de penser la complexité logique à partir de la formalisation par combinaison des symboles et en fonction du calcul logique comme langage formel. La Caractéristique Universelle est aussi bien formelle que réelle parce qu'elle articule plusieurs langages mathématiques et logiques pour ainsi dire. Maintenant, c'est une entreprise pour le moins complexe, voire inquiétante, que de tenter de faire la lumière sur une problématique qui travaille à la multidisciplinarité et la relation entre les sciences, c'est-à-dire la nouvelle transdisciplinarité. Plusieurs approches articulatoires des sciences s'imposent alors comme voies d'accès à la nouvelle « médiature » épistémologique : le dialogue interdisciplinaire, pluridisciplinaire, transdisciplinaire et transversal entre les sciences formelles et les sciences anthropo-sociales que sont, particulièrement, la sociologie et l'anthropologie.

Ces combinaisons disciplinaires sont envisagées pour essayer de répondre à la question de savoir comment le philosophe de la connaissance peut être socio-anthropologue, aujourd'hui. Ensuite, nous allons nous interroger sur les conditions de possibilité d'une méta-connaissance, c'est-à-dire la connaissance de la connaissance scientifique. Cette approche méta-scientifique ne sera rendue possible qu'après avoir indiqué la complexité des rapports entre la science, l'homme et la société d'une part, et d'autre part, entre les nouvelles sciences du complexe que Morin[1] assimile à l'écologie, les philosophies de l'environnement, les sciences cognitives, etc. C'est ce que nous nous proposons de montrer ici. Il sera essentiellement question des médiations disciplinaires.

1. Les nouvelles médiations épistémologiques

Morin[2] insiste sur le caractère combinatoire de la science et des sciences dans un ouvrage intitulé : *Reliances*.[3] Il hérite de cette approche non seulement des philosophes anciens à l'instar des Présocratiques et de Platon en particulier, mais aussi des tenants des fondements de la philosophie contemporaine des sciences. Au nombre de ceux-ci on peut noter Thomas Kuhn. C'est dans *La tension essentielle*[4] que se dégage l'intérêt des médiations disciplinaires. En effet « *les études historiographiques* » intègrent les « *relations entre l'histoire des sciences et la philosophie des sciences* », « *l'histoire et l'histoire des sciences* », etc. La médiation régulatrice s'ouvre à d'autres types de relations : « l'objectivité, jugement de valeur et choix d'une théorie », puis, l'examen des « rapports entre la science et l'art ». « *Les études métahistoriques* » sont de près l'expression épistémologique des nouvelles médiations qui seront tout au plus transdisciplinaires dans l'axe de la pensée complexe de Morin.

Concept si controversé et problématique, la transdisciplinarité a été entreprise par Jean Piaget en 1970. Et ce, dans le cadre théorique de la

---

[1] Edgar MORIN, Réédition de l'ensemble de *La Méthode* en deux volumes dans la collection « Opus », Paris, Seuil, 2008, 2462p.

[2] Une série d'ouvrages indiquent les nouvelles médiations épistémologiques en question : *Relier les connaissances*, 1999, *Les Sept savoirs nécessaires à l'éducation du futur,* 2000, *Dialogue sur la connaissance*, 2002, *Eduquer pour l'ère planétaire, Université, quel avenir ? Propositions pour penser une réforme*, 2003, etc.

[3] Edgar MORIN, Reliances *est une notion qui tire sa source dans L'Unité de l'homme* (en collaboration avec Massimo Piatteli-Palmarini, Paris, Seuil, coll. « Points », 1978. Les deux tomes sont issus du Colloque sur l'Unité de l'homme organisé en 1972, à l'initiative d'Edgar Morin au Centre Royaumont pour une science de l'homme. Ils visent à croiser et entre féconder la théorie de l'évolution, l'éthologie, l'histoire, les études du Cerveau, les sciences humaines pour mettre sur pied une anthropologie multidimensionnelle.

[4] Thomas KUHN, *La tension essentielle. Tradition et changement dans les sciences,* trad. de l'anglais par Pierre Jacob (dir.), Paris, Gallimard, coll. « Bibliothèque des Sciences Humaines », 1980, p. 33.

« connaissance de la connaissance »[1]. Si Morin s'y attache c'est du moins dans le cadre théorique de ses sources si variées au rang desquelles on situe l'apport de l'épistémologie anglo-saxonne, notamment le point de vue de Paul Feyerabend. Il faut y voir les considérations philosophiques et méta-scientifiques telle la vie, le mythe, la religion, l'art, etc. En témoigne le commentaire d'Emmanuel Malolo Dissakè : « *Il s'agit alors de restaurer la place de la vie contre l'envahissement de la logique, ce qui conduit à contester l'hégémonie de la physique et de la logique. La physique était l'organon, et organisait par conséquent la discussion et la recherche de solutions. Avec Feyerabend, on prend toute la mesure de l'éclatement de la physique et les limitations de la logique pour la lecture des sciences Leur extension en dehors de ce territoire ne devient que plus illégitime. En remplacement, est proposée l'anthropologie* »[2]. Mais, théoriquement, la transdisciplinarité est thématisée par Basarab Nicolescu[3]. Il s'y attache suivant trois postulats méthodologiques : l'existence de niveaux de Réalité de perception, la logique des tiers inclus et la complexité. Quand bien même, nous aurions critiqué les éléments de l'ancienne articulation des sciences, à la lumière de l'arbre cartésien de la connaissance.

Au-delà, nous allons vers quelques nouvelles médiations transdisciplinaires et transversales qui sont de plusieurs ordres. Elles ont ceci de particulier qu'elles visent à créer une logique complexe qui permet de recentrer toute la production scientifique sur la pensée complexe. Elles conduisent également à poser cette pensée de la complexité comme pièce de rechange ou paradigme qui cloue au pilori les modèles traditionnels devenus classiques en sciences humaines et sociales, en sciences physico-chimiques et biologiques, en vue de rendre celles-ci compétitives et capables de répondre aux exigences

---

[1] Jean PIAGET cité par MORIN, *op. cit.*

[2] Emmanuel MALOLO DISSAKE, *Feyerabend. Epistémologie, anarchisme et société libre*, Paris, PUF, coll. « Philosophie », 2001, p. 126.

[3] Basarab NICOLESCU, *Nous la particule et le monde*, Editions Le Mail, coll. « Science et Conscience », 1985, p. 60.

multisectorielles, multidimensionnelles et multi-référentielles de la « mondialité »[1] en perspective.

Le lieu de justification de cette problématique qui émerge du socle de l'ancienne transdisciplinarité n'est rien moins que le caractère pluridisciplinaire de la science : la *Science et les sciences*[2]. Gilles Gaston Granger aborde ce problème sous le label d'âge de la science. Inséparable de la vie quotidienne, la science ne fait que désormais partie intégrante, et cela à des titres divers[3]. La science met les pieds dans le plat de la connaissance commune, c'est-à-dire dans les individus, les sociétés et l'environnement, longtemps disqualifiée par les positivistes moyennant leurs « lumières ».[4] C'est une nouvelle vision de la science qui est visée, celle qui reconsidère par exemple la complexité des rapports entre la science et la technique[5]. Granger en particulier les distingue tout en les reliant. La différence qu'il établit entre les deux savoirs modernes implique le problème de la pluralité des méthodes scientifiques adaptées aux divers objets scientifiques qui se prêtent à notre investigation philosophique.

Se pose alors un jalon de l'unité et la pluralité des pensées scientifiques[6]. Il s'ensuit la flexibilité de la raison humaine[7] qui est au principe de toutes les productions scientifiques et techniques de la recherche. De cette pluralité des sciences dépend l'ouverture des sciences naturelles aux sciences anthropo-sociales[8]. Ces problèmes

---

[1] Charles Zacharie BOWAO, *La mondialité entre histoire et avenir*, Paris, Paari, 2004, p. 67.

[2] Gilles Gaston GRANGER, *op. cit.*

[3] Chez Paul FEYERABEND la connaissance fait corps avec « les conversations non philosophiques qui sont celles qui traitent de ces questions au rang desquelles on classe l'amour ou l'amitié et le commerce ordinaire entre membres d'une société ». Cf. Emmanuel Malolo Dissakè, *op. cit.*, p. 126.

[4] Jacques BOUVERESSE, *Essais VI. Les lumières des positivistes*, Paris, Agone, coll. « Banc d'essais », 2011, p. 53.

[5] Georges CANGUILHEM, *Idéologie et rationalité dans l'histoire des sciences de la vie*, Paris, Vrin, 2009, p. 39.

[6] Jean, F. BRAUSTEIN, *Canguilhem. Histoire des sciences et politique du vivant* (dir.), Paris, P.U.F., coll. « Débats philosophiques », 2007, p.9.

[7] Alain BOYER, « La rationalité ouverte », in *Karl Popper : un philosophe dans le siècle*, Vol. 11. Cahier I., *Philosophia Scientiae*, Paris, Editions Kimé, 2007, p. 3-19.

[8] Michel FOUCAULT, *Les Mots et les choses. Archéologie des sciences Humaines*, Paris, Gallimard, 1966, p. 78.

épistémologiques appellent à l'exigence interdisciplinaire entre les sciences formelles, les sciences empiriques et les sciences anthropo-sociales. Cette interaction ne dilue pas la multidisciplinarité. Elle n'induit pas de différences fondamentales au niveau de la démarche critique et de la quête permanente de la vérité. Gilles Gaston Granger a choisi de penser la « pluralité des voies d'approches »[1].

De la sorte, le nouvel esprit épistémologique peut envisager le progrès de la science au moyen de ses vérités évolutives. Celles-ci sont provisoires en raison de leur statut épistémologique non classique. Elles sont révisables et discutables à mesure qu'elles font preuve de dynamique interne à toute entreprise de recherche innovante. Cela lui fait dire que « *les acquisitions récentes des sciences tantôt constituent le déploiement, l'exploitation et la maturation d'idées essentielles avancées déjà au début du siècle ou à la fin du siècle précédent comme par exemple les deux théories de la relativité, tantôt sont des innovations apparemment plus radicales, comme dans le domaine de la biochimie et de la structure du génome* »[2]. En conséquence, les problèmes que Granger soulève relatifs à l'âge de la science sont liés à l'explosion de la science unitaire, le rapport de complexité dialogique entre la science et le quotidien, la vulgarisation de la science et l'ancrage éthique des sciences empiriques, et entre la science et la non science.

Ces considérations sur la nouvelle science sont reprises par Morin. Elles sont consacrées au devenir des rationalités scientifiques. En revanche, l'enjeu de ces médiations disciplinaires fondamentales consiste à travailler pour la promotion d'une rationalité ouverte. Ces conceptions scientifiques doublées d'une *praxis* qui soient à la fois transculturelles et transdisciplinaires. Ces perspectives non classiques cassent avec la pensée conformiste et étroite. Et la soudure épistémologique de Morin, de par sa densité théorique et l'originalité de sa démarche, fait éclater une telle étroitesse d'esprit scientifique et propose quelques voies de sorties des impasses épistémologiques dans lesquelles la science classique a installé l'esprit scientifique.

---

[1] Gilles Gaston GRANGER, *La raison*, Paris, P.U.F., 1955, p. 7.

[2] Gilles Gaston GRANGER, *op. cit.*, p. 10.

La nouvelle épistémologie des sciences cherche à approfondir l'épistémologie complexe de Bachelard[1], de Piaget et autres à partir de l'apport théorique et pratique des théories de la complexité. Morin a donc en vue, une esquisse des solutions aux problèmes des sciences, des sociétés, des civilisations, des politiques au cœur du monde encore « écartelé » et « brutalisé »[2]. Il vise une science du complexe et l'instauration d'une Sagesse[3]. Celle-ci se déploie au cœur de la Science et des sciences[4]. L'épistémologie de la complexité et ses enjeux éthiques[5] est également le pivot de ces médiations transdisciplinaires qui ouvrent la dynamique dans laquelle s'inscrit le vaste traité de *La Méthode.* Cette problématique méthodologique trouve sa justification en ceci qu'à l'heure qu'il est la résolution des problèmes épistémologiques cruciaux des sciences en voie de la complexité, notamment les sciences contemporaines comme la bioéthique, les neurosciences, les Technologie des Informations et de la Communication, passe par la mise sur pied d'une rationalité plurielle qui met en brèche la pensée scientifique bornée. Elle est verticale et hiérarchique, parce qu'elle ne peut, en ce début du siècle, ni favoriser le développement, ni promouvoir une entrée sans complexe dans le mouvement de la globalisation ou la planétarisation[6].

Cette nouvelle rationalité dite éclatée requiert une « tolérance épistémologique »[7] selon Paul Feyerabend, suivant l'approche non moins anarchiste et dans l'appréhension des défis éthiques de la

---

[1] Gaston BACHELARD, *Le nouvel esprit scientifique*, Paris, PUF, coll. « Quadrige », 1934, p. 67.

[2] Achille MBEMBE, *Brutalisme*, Paris, La Découverte, coll. « Sciences Humaines », 2020, p. 78.

[3] Edgar MORIN, *Amour, Poésie, Sagesse,* Paris, Seuil, 1997, p. 61-62.

[4] Georges CANGUILHEM, *Ecrits sur la médecine*, Paris, Seuil, 2002, p.69.

[5] Michael POLANYI, *La logique de la liberté*, trad. franç., Philippe Nemo, Paris, P.U.F., 1989, p. 36.

[6] Edgar MORIN, *Eduquer pour l'ère planétaire. La pensée complexe comme méthode d'apprentissage dans l'erreur et l'incertitude humaines*, Paris, Balland, 2003, p. 34.

[7] Paul FEYERABEND, « Comment être un bon empiriste. Plaidoyer en faveur de la tolérance en matière épistémologique », *De Vienne à Cambridge. L'héritage du positivisme logique de 1950 à nos jours*, (dir.) Pierre Jacob, Paris, Gallimard, coll. « Bibliothèque des Sciences Humaines », 1980, p. 245.

rationalité complexe que la réalité lance à l'esprit scientifique. Il s'agit donc de mettre à contribution une nouvelle épistémologie de type dialogique, c'est-à-dire qui se veut interdisciplinaire, et tout au plus, transdisciplinaire ou inter et transculturelle. Ces exigences concernent aussi l'articulation de « la philosophie et l'histoire »[1]. Qui plus est, cette ouverture de l'esprit serait au fondement des sciences complexes, des « sociétés ouvertes ». Il est donc question de redéfinir les chances possibles pour notre humanité en perte de vitesse.

Se fait sentir encore une pressante invitation pour les scientifiques à se préoccuper de manière la plus sérieuse de la situation globale de notre planète ou de notre « monde »[2] dans une approche transversale. Que peut-on alors faire pour y parvenir et comment les scientifiques et les philosophes peuvent-ils se retrouver au centre des attentes d'un siècle enclin à la culture de la complexité ? Il est évident que les scientifiques ne possèdent qu'une seule certitude, c'est-à-dire ils sont confrontés à d'innombrables incertitudes. Mais le fait de reconnaître cette hypothèse constitue déjà un point de départ vital et vaut beaucoup mieux que de rester rivés à la simplicité, aveugles au progrès dont ils sont censés être les auteurs et acteurs dans un monde enclin à la « violence »[3].

L'esquisse des réponses aux questionnements ainsi posés peut venir dans la nouvelle pédagogie des savoirs modernes dont Morin souligne la portée futurologique dans *Les Sept Savoirs pour une éducation du futur*[4]. Il s'agit des cécités de la connaissance, les principes d'une connaissance pertinente, connaître la condition humaine, apprendre l'identité terrienne, affronter les incertitudes, enseigner la compréhension et promouvoir une éthique du genre humain. Ces savoirs modernes et ces rationalités sont doublés d'une tentative de réformes envisagée par Morin au multiple plan politique, économique, social, cognitif et critique, culturel et éducationnel. Tout cela tient dans un examen sans complaisance des faillites et limites

---

[1] Mahamade SAVADOGO, *Philosophie et histoire*, Paris, L'Harmattan, coll. « Ouverture philosophique », 2003, p. 177.

[2] Edgar MORIN, *Où va le monde* ? Paris, L'Herne, 2007, p. 56.

[3] Edgar MORIN, *La violence du monde*, Paris, Editions Félin, 2003, p. 23.

[4] Edgar MORIN, *Les Sept Savoirs nécessaires à l'éducation du futur*, Paris, Seuil, 2000, p. 67.

propres aux procédures des scientifiques et à leurs instruments opérationnels.

Nous analysons de façon critique l'approche mono-disciplinaire de la science qui constitue, à notre avis, le premier niveau d'intégration des sciences entre l'esprit classique et non classique du paradigme. Cette approche se donne à penser, particulièrement, sans rattachement à une autre forme de savoir classique. C'est-à-dire que la question de la juxtaposition des disciplines ou de l'articulation formelle des sciences avec une autre discipline identique ou différente d'elles, ne se pose pas comme telle. La discipline scientifique concernée, par exemple la logique, se caractérisera dans sa particularité, sa spécificité ou sa singularité par rapport aux autres sciences.

Mais, les médiations interdisciplinaires ou transdisciplinaires ne sont rendues intelligibles que par la mise en crise de quelques doctrines de l'universel considérées par Morin comme l'expression de l'ancienne transdisciplinarité. Nous venons de critiquer leurs fondements dogmatiques à la lumière des nouveaux principes d'intelligibilité qui font signe vers les nouveaux « modèles de la découverte »[1]. Son problème fondamental est d'amener les sciences de la culture à s'ouvrir au moyen de la prise de conscience les dimensions physiques et biologiques des caractéristiques humaines. Aussi estime-t-il voir les sciences de la nature prendre conscience de la valeur de la culture, de la société et de l'histoire.

Par-delà ces exigences interdisciplinaires dont on trouve les intuitions chez Morin, l'ouverture de la rationalité scientifique tient des principes d'inintelligibilité ou de la complexité dialogique qui irriguent en quelque manière les élucidations du sens des concepts scientifiques. C'est pourquoi, se situant partiellement dans les empreintes de Rabelais, Morin invite les sciences à prendre

---

[1] Norwood R. HANSON, *Modèles de la découverte*, trad. de l'anglais par Emboussi Nyano, Paris, Dianoia, coll. « Fondements de la philosophie contemporaine des sciences », 2001, p.114.

conscience du fait qu'il leur manque la conscience morale. Ces aspects sont repérables chez Karl Popper[1].

Rendre compte d'une telle approche, revient à mettre au jour les imperfections du positivisme. Ce système est généralement attribué à Auguste Comte qui tend à penser la sociologie comme une science. Cette perspective rappelle la science classique qui repose, entre autres sur le postulat de l'objectivité. Dans le positivisme, les phénomènes connaissables ou connus sont posés comme objectifs et jamais projectifs, téléologiques. Il découle ici le refus systématique de pouvoir considérer comme digne de conduire à une connaissance « vraie » toute interprétation des phénomènes en termes de causes finales ou projectives. Elles sont essentiellement complexes. Formulé à l'époque moderne, le postulat d'objectivité n'a pas été revendiqué par les seules sciences physiques, mais aussi par les sciences anthropologiques, dont la sociologie où s'est instauré le raisonnement expérimental par quelques sociologues classiques : Emile Durkheim, Auguste Comte[2], Max Weber et Pierre Bourdieu.

A ce point, nous considérons le positivisme comme un sociologisme qui postule les faits sociaux. Mais, ceux-ci doivent être traités comme des choses parce qu'ils ne sont pas des choses au même titre que les choses matérielles. La chose en question désigne tout objet de connaissance qui n'est pas naturellement compénétrable à l'intelligence, tout ce dont le sujet ne peut se faire une notion adéquate par un simple procédé d'analyse mentale ou formelle[3]. C'est tout ce que l'esprit ne peut arriver à comprendre qu'à condition de sortir de lui-même, par une voie d'observation et d'expérimentation, en passant progressivement des caractères les plus extérieurs et les plus immédiatement accessibles aux moins visibles et aux plus profonds.

Par conséquent, suivant la perspective épistémologique et méthodologique classique selon Durkheim, par exemple, la sociologie

---

[1] On peut se référer à Jacques BATIENO, *Karl Popper ou l'éthique de la science,* Paris, Dianoia, coll. « Fondements de la Philosophie Contemporaine des Science », 2012, p. 34.

[2] Julien FREUND, D'Auguste Comte à Max Weber, Paris, *Economia,* coll. « Classiques des sciences sociales », 1992, p. 35.

[3] Jérôme SACKUR, *Formes et faits. Analyse et théorie de la connaissance dans l'atomisme logique*, Paris, Vrin, 2005, p. 163.

est sous l'égide du positivisme qui lui assigne le rôle de devoir rechercher le simple invisible sur fond de postulat d'objectivité des phénomènes sociaux. Ce principe d'intelligibilité de la science du simple relatif à la sociologie est directeur en ce que tout se ramène et ramène à l'esprit positif. Nous y avons décelé la simplification méthodologique pour avoir fait droit à ce qui est constant ou à ce qui ne tient pas de l'arbitraire individuel. Les rapports n'ont de sens que par nécessité. Par contre, la vie en soi est problématique[1].

Conséquemment, le positivisme si réducteur soit-il est redevable à l'ancienne articulation des sciences. Il a ceci de particulier que le postulat d'objectivité qui fonde la science inductive[2] s'inscrit en faux de la téléologie devenue comme un obstacle épistémologique à la construction de la connaissance scientifique. Le positivisme mis en question est la doctrine de la science classique qui s'efforce de distinguer sans articuler alors les causes efficientes et les causes finales. Elle dédaigne toute explication complexe qu'elle déclare « animiste », c'est-à-dire l'attitude qui consiste à projeter dans la nature inanimée, la conscience que les scientifiques ont du fonctionnement téléonomique de leurs propres systèmes nerveux centraux.

Au total, donc, le positivisme est né le jour où l'on a pressenti que les phénomènes sociaux, pour n'être pas matériels, ne cessent pas d'être des choses réelles qui nécessitent une étude au-delà de l'approche mono-disciplinaire. Les raisons qui président à l'idée selon laquelle le positivisme structure l'ancienne articulation des sciences qui sont liées à ses conséquences métathéoriques que cela implique. Le XIXe siècle s'est fait le chantre de l'idée du progrès ou mieux, du progressisme, tant il a été le siècle du scientisme triomphant. Ce dernier constitue aussi une autre version du positivisme ambiant. L'ancienne articulation des sciences se justifie dans la mesure où le positivisme tient lieu de religion de la science dont la première

[1] Karl POPPER, *Toute vie est résolution de problèmes. Question autour de la connaissance de la nature*, trad. de l'allemand par Claude Duverney, Actes du Sud, 1997, p. 14.

[2] Karl POPPER, *Les deux problèmes fondamentaux de la théorie de la connaissance,* textes établis., par Troels Eggers, à partir des Manuscrits des années 1930-1933, trad. franç., par Christian Bonnet, Paris, Hermann, 1999, livre I, p. 260.

expression s'est trouvée manifeste chez Auguste Comte avec sa physique sociale. De plus, il s'est mué en physicalisme radicalisé par Otto Neurath[1] en contexte de « positivisme logique » et ses variantes telles que l'empirisme, l'atomisme logique, « l'instrumentalisme »[2].

A tout prendre, dans sa démarche réductionniste, Comte constate qu'en étudiant le développement total de l'intelligence humaine dans ses diverses sphères d'activité, il a pu découvrir « une grande loi fondamentale » de la nature valable aussi bien pour les preuves rationnelles fournies par la connaissance scientifique de notre organisation de pensée que pour les vérifications historiques issues d'une étude attentive du passé : la loi des trois états, par exemple. Elle consiste en ceci que l'esprit humain explique les phénomènes sociaux et physique, c'est-à-dire de la réalité en procédant par trois états successifs : théologique, métaphysique et positif ou scientifique.

Alors, le positivisme en tant que doctrine visant l'idéal de certitude sur fond d'exigence méthodologiques de type scientifique et technique consacre l'ancienne transdisciplinarité à partir de la rationalité positive ou scientiste qui a pu triompher sur les autres types de rationalités, en l'occurrence la théologie, la métaphysique et même la mythologie, perçues alors comme des lieux d'infra-rationalité. Auguste Comte pointé par Edgar Morin dans *Sociologie*,[3] jette le discrédit sur la religion qui explique les phénomènes et le devenir dans les existences humaines à partir et en référence au divin et au mystérieux ; ensuite, il met à l'index mythologie et philosophie. Auguste Comte les déprécie au profit de la trans-rationalité scientifique. Elle dispose et pose qu'il n'y a de connaissances réelles, positives, que celles portées par les faits observés.

---

[1] Otto NEURATH, « La sociologie dans le physicalisme », *op. cit.*, p. 255.

[2] D'après Karl POPPER, « l'instrumentalisme est la conception selon laquelle une théorie scientifique telle que celles de Newton, d'Einstein ou de Schrödinger, doit être considéré comme un instrument, et rien d'autre qu'un instruments qui permet, par déduction, de prédire certains évènements, et se prête à d'autres applications pratiques ». Cf. le chapitre 12 intitulé : « Critique de l'instrumentalisme. L'instrumentalisme et le problème de l'induction », *Le réalisme et la science. Postscriptum à la logique de la découverte scientifique*, trad. de l'anglais par Alain Boyer, Paris, Hermann, 1990, p. 131.

[3] Edgar MORIN, *Sociologie*, Paris, Fayard, 1994, p.78.

Enfin, il y est affirmé que l'homme[1] s'étant déjà éloigné des états théologiques et métaphysiques, sa raison est désormais « mure » et « pure » de toute irrationalité pour entreprendre de laborieuses recherches scientifiques ou le faire entrer dans les sociétés essentiellement rationnelles. Malheureusement, Auguste Comte plaide pour la science du simple car il assimile le positif à l'ordre. Le progressif est positif et le progrès est à tous égards le développement de l'ordre. La devise de l'Etat brésilien qui établit une causalité linéaire entre ordre et progrès constitue la preuve de cette conception positiviste et simplifiante, c'est-à-dire ordre et progrès. Nous ne sommes donc pas sortis de la mono-disciplinarité dont la portée réductionniste.

Seulement, le glissement épistémologique de ce premier niveau est fréquent dans l'approche définitionnelle de la pluridisciplinarité et de l'interdisciplinarité. Plus même, les deux se prêtent souvent à une confusion de niveau sans pareil. La pluridisciplinarité, loin d'être une simple terminologie générique, est plus qu'active. Souvent considérée à titre de projet, la pluridisciplinarité se veut par nature et par vocation l'objet et le fruit d'un travail collectif, tant pour les scientifiques que pour les chercheurs. Ce faisant, elle se trouve être envisagée, dans notre perspective, au sens le plus large comme une approche rationnelle qui recouvre dans la mesure du possible toutes les modalités d'action coopérative ou de procédures à caractère interdisciplinaire ou transdisciplinaire. Dans un ouvrage collectif, Florent Gaudez montre combien « il est urgent et nécessaire d'être socio-anthropologue »[2]. Suivant une approche interdisciplinaire, il apporte une précision et de taille : « *Pour le socio-anthropologue, interroger l'homme comme être historique et culturel revient à se reposer en permanence la question de l'autre, de cette étrangeté qui nous contraint à recréer sans cesse de l'altérité dans nos propres méthodes et dans nos propres catégories de pensée, nous obligeant*

---

[1] Herbert MARCUSE, *L'homme unidimensionnel. Essai sur l'idéologie de la société industrielle avancée,* trad. de l'anglais Monique Wittig, Paris, Minuit, coll. « Points », 1968, p. 159.

[2] Florent GAUDEZ, (dir.), *Comment peut-on être socio-anthropologue aujourd'hui* ? Paris, L'Harmattan, 2013, p. 15. Il s'agit là des 2e rencontres de Socio-anthropologue de Grenoble, colloque International et interdisciplinaire, Janvier 2000, p. 8.

alors à nous demander si le discours socio-anthropologique peut vraiment permettre de parler de l'autre sans parler de soi ou « faire parler » l'autre »[1]. Il n'y a donc pas d'approche interdisciplinaire sans exigence éthique de l'intersubjectivité comme socle de l'objectivité scientifique.

Il en résulte, aussi, que la science, qu'elle épouse la forme naturelle ou humaine, demeure la science. Pour ce faire, elle s'actualise indéfiniment et infiniment, voire même diversement selon les temps, les circonstances, les lieux de renouvellement et les acteurs. Il s'invente de manière multiple et parfois controversée ou inattendue. La science en soi se doit d'être considérée, aujourd'hui, comme interface de la transversalité et la complexité épistémologique. Cette médiation intéresse aussi « les choses, les idées et les mots »[2] dans le cadre du réalisme métaphysique. On rentre dans le dispositif des « systèmes complexes »[3] entre mathématique et biologie. C'est dire que la couplet simple et complexe est partout.

Mais, chemin faisant, on ne doit plus se limiter à la mono-disciplinarité. Car, dans la recherche scientifique, théorique ou appliquée, l'objectif visé n'est pas tant l'acquisition du savoir propre à son domaine, mais aussi des savoirs et des savoir-faire des différentes disciplines. La pluridisciplinarité remet en perspective les savoirs en articulant dialectiquement acquisition, capacité, performance ou compétence transversale. Toutes les disciplines scientifiques sont fondamentalement des domaines intégrateurs. Elles oscillent entre la particularité et l'universalité[4] de la démarche scientifique.

La science n'est pas un espace d'investigation qui se prête à un consensus lexical. L'acheminement vers la transdisciplinarité et la transversalité travaille d'abord à reconnaître le caractère historique de l'épistémologie pour mieux l'appréhender. La complexité entend

---

[1] *Ibid.*

[2] Jean-Claude PIGUET, *Des choses, des idées et des mots. Le sens du sens,* Suisse, Editions Universitaires de Fribourg, 2000, p. 19.

[3] Hervé P. ZWIRN, *Le systèmes complexes. Mathématiques et Biologie*, Paris, Odile Jacob, 2006, p. 21.

[4] Claude PANACCIO, *Les mots, les concepts et les choses. La sémantique de Guillaume d'Occam et le nominalisme d'aujourd'hui*, Paris, Vrin, coll. « Analytiques », -3, 1991, p. 47.

favoriser l'émergence des disciplines, théories et méthodes hybrides et complémentaires au sein d'un même champ. Encore une fois, depuis les théorèmes de Gödel, aucun champ de compétence ne saurait se suffire sans recourir à un langage scientifique supérieur et innovant.

Hilary Putnam renchérit : « *Ce que Gödel a montré, c'est, pour ainsi dire, que nous ne pouvons pas formaliser complètement notre propre capacité mathématique parce qu'il fait partie intégrante de cette capacité mathématique elle-même qu'elle puisse aller au-delà de quoi que ce soit qu'elle puisse formaliser* »[1]. Les limites du positivisme se dessinent à nouveaux frais et débouchent naturellement sur la complexité de la nature de la science formelle. L'exigence de suite est cette ouverture du système de pensée qui est l'avènement de la pluridisciplinarité. Elle devient donc la conséquence logique des évolutions et des révolutions paradigmatiques que la science en crise suscite : « *De toute façon, dans la crise de fondements et devant le défi de la complexité du réel, toute connaissance aujourd'hui a besoin de se réfléchir, reconnaître, situer, problématiser (...) pas de connaissance sans connaissance de la connaissance* »[2]. La pluridisciplinarité une portée logique et philosophique. Elle favorise le dialogue des connaissances et les interactions efficaces et performatives entre les niveaux de réalité pour créer la symbiose disciplinaire postulée, et ce, sous la modalité de la transdisciplinarité.

Ce souci majeur trouve sa réalité dans la procédure combinatoire des savoirs d'intégration d'approches dont les dérivations disciplinaires se sont multipliées depuis que la crise des fondements a pris corps en physique et en mathématique. Ce souci se justifie aussi dans la refonte paradigmatique de l'objet de la science, à travers les nouveaux continents de savoirs. Les neurosciences, les sciences cognitives, la neuro-philosophie, « l'émersiologie »[3] sont en passe de prendre du relief en « logique »[4] de la pluridisciplinarité.

---

[1] Hilary PUTNAM, *Représentation et réalité*, Paris, Gallimard, 1990, p. 194.

[2] Edgar MORIN, *op. cit.*, p. 25.

[3] Bernard ANDRIEU, *Sentir son corps vivant. Emersiologie*, I, Paris, Vrin, coll. « Moments philosophiques », 2016, p. 109.

[4] Jean PIAGET, (dir.), *Recherches sur la contradiction*, Paris, PUF, 1974, p. 78.

En effet, s'il est permis d'inscrire la mono-disciplinarité et la pluridisciplinarité comme concepts intégrateurs ou cadres intégrateurs de connaissances, alors elles s'inscrivent dans l'ordre des concepts nouveaux au même titre que la transdisciplinarité qui semble échapper aux catégories définissables. Souvent, la pluridisciplinarité souffre d'une carence sémantique lorsqu'elle se réduit à une simple juxtaposition des disciplines articulées. Se pose alors le problème de la détermination du niveau requis d'étanchéité entre les disciplines qui sont supposées mutilées à l'intérieur de leurs frontières respectives.

Qui plus est, la question concernant les différents types de relations qui auraient pu associer les disciplines scientifiques de façon amicale ou seulement simple, mais aussi complexe, différentielle, réciproque ou non. L'accès à la transdisciplinarité au moyen d'une approche transversale met en jeu des degrés divers allant du décloisonnement perpétuel jusqu'à un certain degré optimal de coopération indépassable. Sans quoi, la pluridisciplinarité ferait l'objet d'une simple juxtaposition mono-logique qui renvoie à l'ancienne articulation des sciences. Cette approche articulatoire des sciences est critiquée par Dominique Vinck : *« La pluridisciplinarité consiste à juxtaposer des points de vue et de contributions relevant de disciplines distinctes*[1]. Edgar Morin, critique cette juxtaposition simplifiante dans la mesure où elle ne tient pas fondamentalement compte les émergences globales et partielles qui prennent corps dans les sciences de la nature et dans les humanités ou sciences de la culture. Il importe de signaler, soit dit en passant, que la juxtaposition dont parle Dominique Vinck ne met pas au jour le principe intégrateur qui rend intelligible l'articulation entre les disciplines. Pour ce faire, Morin, pour sa part, soupçonne dans cette approche une dose de mono-disciplinarité dont il dégage les caractéristiques fondamentales : « *Une discipline peut être définie comme une catégorie organisant la connaissance scientifique : elle y institue la division et la spécialisation du travail et elle répond à la diversité des domaines que recouvrent les sciences. Bien qu'elle soit englobée dans un ensemble scientifique plus vaste, une discipline tend naturellement à l'autonomie par la délimitation de ses frontières, par le langage qu'elle se constitue, par les techniques qu'elle est amenée à élaborer*

[1] Dominique VINCK, *op. cit.*, p. 61.

ou à utiliser, et éventuellement par les théories qui lui sont propres »[1]. Au demeurant, une discipline peut nier l'existence des liaisons de solidarité. Elle peut manquer d'ouverture par la spécialisation et la division du travail scientifique. Elle peut jouir aussi de son autonomie dans sa tour d'ivoire, c'est-à-dire dans son domaine de compétence spécifique. La discipline qui extrait ou construit un objet digne d'intérêt pour son étude scientifique doit, dés-occulter les réalités globales. Il écrit : « *Cependant, l'institution disciplinaire entraîne à la fois un risque d'hyper spécialisation du chercheur et un risque de chosification de l'objet étudié dont on risque d'oublier qu'il est extrait ou construit lorsqu'il est perçu comme une chose en soi. Les liaisons et solidarités de cet objet avec d'autres objets traités par d'autres disciplines seront négligées ainsi que les liaisons et solidarités de cet objet avec l'univers dont il fait partie (...) L'esprit hyper disciplinaire risque alors de se former, comme un esprit de propriétaire qui interdit toute circulation étrangère dans sa parcelle de savoir* »[2]. L'essence de l'approche disciplinaire n'a rien de simple.

La réflexion épistémologique relative à la transdisciplinarité et la transversalité ainsi que l'herméneutique qu'elle implique doit avoir lieu dans un domaine synthétiquement ouvert. Elle doit être apparentée à l'essence de la complexité scientifique, et qui, d'autre part, n'en soit pas moins foncièrement différente d'elle, c'est-à-dire relativement autonome. Comme le remarque Basarab Nicolescu : « *La pluridisciplinarité concerne l'étude d'un objet d'une seule discipline par plusieurs disciplines à la fois* »[3]. Cette vision pluridisciplinaire tend essentiellement vers la nouvelle approche transdisciplinaire et transversale à la faveur de l'inter-conceptualité et de la transposition des concepts d'un savoir dans un autre type de savoir. Elle se veut épistémologique. Elle est ancrée dans les pratiques scientifiques actuelles plus que dans un paradigme classique où la compartimentation des disciplines est de loi.

---

[1] *Ibid.*

[2] Edgar MORIN, « Articuler les disciplines », *Forum du conseil scientifique du programme européen,* MCX/APC (une version de ce texte a été publiée dans Carrefour des sciences, Acte du colloque du Comité national de la recherche scientifique). « Interdisciplinarité », Paris, CNRS, 1990, p. 10-02.

[3] Basarab NICOLESCU, *op. cit.,* p. 64.

Or, la dialogique pensante prônée par Morin sollicite l'ensemble des disciplines susceptibles d'entrer dans un dialogue fécond, constructif enclin à la nouvelle transdisciplinarité. Parce que la pensée scientifique « *vit dans une double conscience : celle d'une nécessité de la rationalité qui doit toujours nous accompagner, comme une petite veilleuse, même dans nos passions et nos amours ; et celle de l'insuffisance de la rationalité pour comprendre l'univers* »[1]. C'est dire que cette déconstruction des fondements rationalistes et leur reconstruction potentielle doit pouvoir se faire en fonction d'une métalogique intégrative. Ce choix initial se veut inclusif et exclusif, puis transversal, suivant la démarche transdisciplinaire en passant par l'interdisciplinarité.

La complexité essentielle de la connaissance scientifique n'a pas à se limiter et à se cantonner dans des sites disciplinaires à tendance positiviste. Elle doit plutôt explorer épistémologiquement des nouveaux continents qualifiés de transversaux, c'est-à-dire mettre en valeur heuristique les interactions et les rétroactions motrices entre les théories, méthodes et concepts provenant des disciplines différentes. Pour s'en convaincre, Edgar Morin évoque l'hypothèse des concepts intégrateurs : « *L'ouverture est pourtant nécessaire. Il arrive même qu'un regard naïf d'amateur, étranger à la discipline voir même à toute discipline, résolve un problème dont la solution était invisible au sein de la discipline. Le regard naïf, qui ne connaît évidemment pas les obstacles que la théorie existante met à l'élaboration d'une nouvelle vision, peut, souvent à tort mais parfois à raison, se permettre cette vision (...) quand on ne trouve pas de solutions dans une discipline, la solution vient d'en dehors de la discipline* »[2]. La réflexion transdisciplinaire à partir de la pluridisciplinarité et de l'interdisciplinarité permet de voir comment la complexité dialogique n'est pas en soi-même une idéologie. Faire du transdisciplinaire une idéologie de type scientifique serait fatalement improductive. Le souhait serait de dépasser une approche appauvrie de la pluridisciplinarité, qui serait l'expression manifeste d'un simple

[1] Edgar MORIN, « Mystère et créativité », *le Monde des Religions,* Janvier-Février, 2006, N° 15, p. 82.
[2] *Ibid.,* p. 2.

inventaire de disciplines. Il s'agit d'approfondir quelques pistes de réflexions sur les pratiques transdisciplinaires et transversales.

Morin s'efforce d'analyser et d'articuler les savoirs en privilégiant les points forts qui les articulent tout en les régulant au moyen de la complexité paradigmatique qui est l'horizon indépassable des sciences et des rationalités. On en arrive, ensuite, résolument aux empiétements et migrations interdisciplinaires. S'inspirant de Charles Robert Darwin, il pense qu'« *on peut néanmoins dire très rapidement que l'histoire des sciences n'est pas seulement celle de la constitution et de la prolifération des disciplines, mais en même temps celle des ruptures des frontières disciplinaires, d'empiétements d'un problème d'une discipline sur une autre, de circulation de concepts, de formation de disciplines hybrides qui vont finir par s'autonomiser ; Enfin c'est aussi l'histoire de la formation de complexe où différentes disciplines vont s'agréger en s'agglutinant. Autrement dit, si l'histoire officielle de la science est celle de la disciplinaire, une autre histoire liée et inséparable est celle des inter-, trans- poly-disciplinarités* »[1]. Cette rationalité transdisciplinaire vise à identifier les différentes démarches scientifiques, et à prendre la mesure de leur diversité.

Ainsi, si l'hétérogénéité des disciplines est sollicitée pour le projet mis en examen, alors elle ne facilite pas les comparaisons. Car, ne dit-on pas que comparaison n'est pas raison. Elle permet en revanche d'apprécier au plus haut point la multiplicité et partant la complexité des approches et des pratiques scientifiques articulées. Cette idée est en rapport avec la réflexion de Jean-Paul Resweber lorsqu'il affirme que « *la pluridisciplinarité substitue provisoirement au champ disciplinaire un inter-champ communicationnel qui a l'avantage de donner à plusieurs disciplines la possibilité d'occuper, de façon interactive une position dominante* »[2]. La pluralité des sciences est de mise.

Cependant, selon le point de vue de Morin, il est question de construire des schèmes cognitifs réorganisateurs à la faveur d'une logique « adductive », concept emprunté à Peirce et qui est usité par

---

[1] *Ibid.*
[2] Jean Paul RESWEBER, *op. cit.*, p. 40-41.

Hanson dans *Les modèles de la découverte*[1]. Il s'agit de montrer, en plus, que la logique déductive et inductive est dépassée en raison de la complexité de la réalité et de la pensée. Par ce biais, la critique du rationalisme critique trouve à se justifier ici à la lumière de ce qu'il conviendrait d'appeler la nouvelle logique de la découverte scientifique dont les éléments d'appréciation sont repérables chez Charles Sanders Peirce. Sa démarche est complexe car elle consiste à distinguer entre les raisons d'admettre une hypothèse et celles qui permettent de suggérer une hypothèse. La logique rétroductive ou adductive se veut une procédure analytique qui met en avant les raisons qui président à la suggestion d'une hypothèse dite scientifique. C'est à la faveur de ce raisonnement que la sélection d'une espèce ou d'une famille d'hypothèses est rendue possible. Donc, la spécificité des hypothèses doublée de la multiplicité conduit à l'élimination des différentes hypothèses. Fondamentalement, pareille nouvelle logique de la découverte scientifique tend à se maintenir entre la logique inductive et la logique déductive. S'adossant au principe d'élimination cher à Popper, le raisonnement rétroductif peut se formuler de la manière suivante : un phénomène observé fait droit à la surprise ou à l'inattendu.

Mais la surprise ne saurait absolument demeurer si l'une des hypothèses renvoyant à telle ou telle espèce peut se révéler vraie. Cette vérité rendra donc possible l'explication de l'hypothèse. Fort de la pluralité des hypothèses à vérifier, on est en droit de voir par la suite celle qui se veut plus proche de la certitude. Celle-ci fera l'objet d'une déduction. On peut alors dire à ce niveau d'analyse que le principe de rétroduction de Peirce a permis à Morin d'envisager la possibilité de combiner les disciplines qui se prêtent à la complexité comprise comme surprise, inattendue. C'est pourquoi Morin écrit : « *La conjonction des nouvelles hypothèses et du nouveau schéma cognitif permet des articulations, organisatrices ou structurelles, entre des disciplines séparées et permet de concevoir l'unité de ce qui*

[1] Norwood R. HANSON, *Modèles de la découverte*, trad. de l'anglais par Emboussi Nyano, Paris, Dianoia, coll. « Fondements de la Philosophie Contemporaine des Sciences », 2001, p.109.

était alors disjoint »[1]. La jonction entre les disciplines scientifiques appelle une approche qui se veut fondamentalement interdisciplinaire.

De même, la naissance des systèmes cybernétiques et l'essor des technologies de communication, ainsi que l'épistémologie complémentariste dans les sciences humaines, constituent, du coup, une tendance qui persiste depuis les années 70 et 80 au cours desquelles s'est donné à constater un retour marqué d'une des catégories transversales qu'est l'espace au cœur des sciences sociales. Ici s'articulent donc la géographie et la sociologie. La découverte de la réflexion autour des médiations épistémologiques s'efforce également de nourrir l'ouverture des spatialités multiples et contradictoires vers des combinaisons de spatialités sociales. S'inscrivant dans la même veine, Morin, dont les recherches portent déjà sur l''espace urbain'', sur la ''rythmanalyse'', sur les rythmes appliqués à l'espace, conforte la procédure non moins dialogique comme moyen d'investigation de la pensée complexe en sciences sociales.

Dans ce cas précis, la dialogique pensante éclaire bien la contradiction entre l'urbain et le rural qui s'entrechoquent. On ne saurait oublier Pierre Bourdieu[2] qui a contribué, à sa façon, à ce retour de ce que l'on peut appeler par paradigme actuel : penser l'espace. C'est proprement l'imbrication de divers phénomènes à savoir spatialités et temporalités dans la réalité des sociétés, paradigmes longtemps opposés, mais qui sont désormais possible d'être liés. Cette épistémologie de la complexité, appliquée aux sciences humaines, plaide globalement pour une logique de l'intelligibilité des intentions, des connexions nécessaires, indépassables avec des réflexions théoriques touchant l'ensemble des sciences sociales et qui intègrent la dynamique de la poly-disciplinarité à la lumière des conceptions philosophiques.

Mais une autre hypothèse de travail construite par Edgar Morin est possible. Elle est de type praxéologique associant échelles spatiales, échelles temporelles et rapports spatiaux au moyen de la transversalité comme principe non limitatif de la pensée scientifique. La

---

[1] Edgar MORIN, *op. cit.*

[2] Pierre BOURDIEU, *Ce que parler veut dire, l'économie des échanges linguistiques,* Paris, Fayard, 1982, p. 13-21.

transversalité se révèle être ici, et maintenant un outil théorique le plus adapté. Par exemple « *Penser avec l'espace* » est une perspective interdisciplinaire et de la complexité géophysique aux facettes multi-référentielles. Cette idée traduit ainsi l'unité des catégories spatiales les plus larges, les plus profondes avec l'apport instructif et décisif des sciences pratiques et sociales : la géographie sociale, la science sociale des ingénieurs. Elle donne lieu à des retournements paradigmatiques, des emprunts catégoriels et des échanges conceptuels multiples et différentiels. La transversalité appliquée à la géographie légitime *ipso facto* son sens interdisciplinaire.

Chemin faisant, il est question, de plus en plus, de la géographie de l'environnement, de la géographie politique et la géographie des comportements. Entre ces types de géographies, se trouvent des filiations horizontales et verticales. Cela étant dit, la géographie permet de penser l' « effet de lieu », c'est-à-dire que l'espace ne donne pas lieu à un simple rapport, un donné, mais un construit. Il s'agit du construit le plus formel embarqué dans une perspective mathématisée et géométrisée. Ainsi, en est-il aussi de l'astrophysique citée en guise d'exemple par Morin : « *Dès lors l'astrophysique n'est plus seulement une science naît d'une union de plus en plus forte entre physique, macro physique et astronomie d'observation ; c'est aussi une science qui a fait émerger d'elle-même un schème cognitif cosmologique : celui-ci permet de relier entre elle des connaissances disciplinaires très diverses pour considérer notre univers et son histoire, et du coup introduit dans la science (en renouvelant l'intérêt philosophique de ce problème-clé) ce qui semblait jusque-là relevait seulement de la spéculation philosophique* »[1]. La problématique de la complexité implique à la fois celle de la pluridisciplinarité et celle de l'interdisciplinarité. La première concerne, est-il besoin de le signaler, l'étude d'un objet d'une seule et même discipline. Pareille étude est faite par plusieurs disciplines différentes. On peut citer l'exemple d'un tableau de peinture relevant du domaine de l'esthétique mais qui sera étudié par le regard croisé de l'histoire de l'art, de la philosophie de l'art, elle-même croisée avec le regard de la physique, la chimie, l'histoire des religions, l'histoire de l'Europe et la géométrie.

Edgar MORIN, op. *cit.*, p. 2.

Le philosophe Leibniz l'a bien montré à propos de la division des sciences qu'il opère dans les *Nouveaux essais sur l'entendement humain.* Il essaie de croiser multidisciplinarité et interdisciplinarité. Procédant à division de la science en trois espèces, il considère d'abord la physique comme la philosophie naturelle. Celle-ci travaille à l'élucidation du sens des corps comme le nombre, la figure ainsi que tout ce qui est de l'ordre du transcendant comme Dieu et les anges. Ensuite, il place en second lieu la morale comme science des conduites de la vie ou la philosophie pratique. Elle a ceci de particulier qu'elle intègre même la connaissance vraie qui est d'ordre théorique et la justice qui se veut fondamentalement pratique. Enfin, il situe la logique dans la perspective de la philosophie du langage qui est un jeu de signes. Son caractère pratique et pragmatique tient à la nature du dialogue qu'elle met en perspective. Les signes constituent un langage inter-communicationnel. Aussi considère-t-il la logique comme l'art d'inventer et de découverte. Ce qui est un idéal déjà classique dans la mesure où la logique se donne à penser aussi bien chez Platon que chez Aristote, qui en est le père, comme l'art de raisonner.

Dans tous les cas, la division des sciences entre la physique, la morale et la logique est la parfaite illustration de la pluridisciplinarité chez Leibniz. Il généralise cette pluridisciplinarité à la théologie comme une science pratique. A la théologie, il ajoute la jurisprudence et la médecine qui rentre dans le paradigme de l'utilité ou sciences pratiques. Dans l'histoire de la philosophie, on peut prendre pour exemple, le domaine de la philosophie marxiste qui peut renvoyer à la multiplicité des regards : la physique, l'économie, la psychanalyse ou la littérature.

Quant à l'interdisciplinarité, couplée avec la pluridisciplinarité, elle vise la transférabilité des méthodes d'une discipline à l'autre. Elle surgit au cœur même de l'épistémologie des sciences cognitives, des sciences de la vie, des sciences médicales. Parce que la notion d'interdisciplinarité s'est vue entourée des confusions de sens, Morin est conduit à chercher hors de toute simplification un principe d'intégration, non pas seulement des sciences sociales et humaines mais aussi des sciences naturelles, de la vie et de la terre, des sciences formelles. Sur cette question provoquée par des épistémologues des sciences de l'homme comme Piaget, Foucault et autres, la contribution épistémologique de Morin est originale. Les disciplines scientifiques se proposent d'étudier en société, sous des aspects de plus en plus divers et contradictoires se multiplient et diversifient.

Seulement, ces savoirs particuliers qui travaillent à cerner l'homme et son destin comme objets d'investigation scientifique sont en passe de s'associer et de s'atomiser. La raison qui préside à cette nouvelle logique est celle du besoin pressent qui naît partout d'une science qui s'ouvre à la conscience morale. Ce désir ardent qui anime le scientifique contemporain est nourri par l'esprit du temps de la complexité. Cette tendance, si peu reconnue et évoquée et, qui pis est, si peu commode au sein du paradigme de la complexité en perspective, pose le problème épistémologique de chaque science dite particulière qui cherche, cependant, à se référer à ''l'homme total'', non sans prendre en charge son existence historique.

Dans ces conditions, elle se trouve être obligée souvent, pour ce faire, de déborder le cadre étriqué de son domaine et ses procédures propres en vue de s'ouvrir aux autres disciplines voisines. La connaissance des limites de la connaissance scientifique dont les implications épistémologiques sont la diversité, la différence et la complémentarité incitent à penser l'intégration des savoirs en terme ''d'imbrication foncière''. Cette expression prête à équivoque. Elle peut donner lieu aussi bien à une fusion qu'à une confusion des disciplines scientifiques. Autrement dit, on est tenté de ravaler l'interdisciplinarité à la simple fusion dans une science de l'homme total relatif aux disciplines particulières ; encore moins à la réunion des savoirs indiqués dans un ensemble plus cohérent où l'on cherche, à la faveur de la complémentarité, une identité commune. C'est là, à tout bien prendre, la simple quête des points communs, nonobstant les différences irréductibles.

Au fond, est visée dans cet effort d'intégration la recherche inachevée de l'homme à partir de chaque type de domaine scientifique particulier. Se pose alors la question de la dialogique de l'universel et du particulier qui, à en croire Morin, tend vers l'interdisciplinarité. Une intégration si authentique et si parfaite est l'expression d'une unification quelconque. Celle-ci suppose que les formules les lois et les régularités fondent la cohérence de l'homme et de l'espèce humaine. A cet effet, l'on élaborerait d'abord, pour chaque science, une théorie générale en vue de fixer son statut épistémologique. Ensuite, toutes les théories relatives aux disciplines scientifiques sont intégrées dans une théorie universelle. Elles expliquent, par conséquent, l'homme dans sa totalité, sa dimension multidimensionnelle et sa complexité. Car l'homme est à la fois totalité des rapports sociaux et histoire. Son destin se joue entre mystère et créativité : *« Cela dit, la rationalité ne répond pas à nos interrogations fondamentales. La science nous amène près du mystère »*[1]. Cette synthèse ouverte implique une certaine organisation de la rationalité complexe en un savoir supérieur des diverses connaissances actuelles, des savoirs modernes et leurs rationalités relatives à la complexité de l'homme.

Or, une science dont l'objet est l'homme total, l'homme intégral n'en laisse pas moins aller à contre-courant des sciences particulières et parcellaires qui, *mutatis mutandis,* s'efforcent d'atteindre la réalité humaine suivant leurs procédures propres à forte connaissance réductionniste. Elles supposent une généralisation substituée aux conceptualisations particulières des disciplines scientifiques variées et multiples. Aussi travaillent-elles à rendre intelligible un langage commun propre à construire un dialogue possible sous le label des concepts spécifiques et techniques inhérents à chaque domaine de connaissance. Cette recherche vise à mettre en œuvre une théorie générale. Cette volonté pousse vers l'élaboration d'une synthèse supérieure et englobante. Elle pose fondamentalement le problème épistémologique. En effet, l'unification des sciences de l'homme et/ou sociales ne fait pas toujours avancer la connaissance de l'homme.

Dans le fond, plus qu'à l'existence d'une science de l'homme[2], on croit à l'existence des sciences particulières comme la cybernétique,

---

[1] Edgar MORIN, *op. cit.*, p. 82.

[2] Il arrive que pareille dénomination donne lieu à d'autres interprétations selon lesquelles, les sciences de l'homme et de la société ont partie liée avec les sciences de la culture ou de l'esprit. Qui plus est, Edgar Morin les appelle les « sciences anthroposociales » dont la spécificité tient dans tout l'étude de tout homme et de tout l'homme, jusques et y compris son environnement immédiat. Leur conceptualité scientifique peut avoir un fondement pratique et ou empirique.

les neurosciences ou les sciences cognitives dont les analyses objectives, convergentes sont orientées vers une interprétation tant soit peu rationnelle et culturelle de la réalité humaine. Ce débat d'idées épistémologiques heurte de front la catégorie de la totalité. Il reste encore ouvert. Chaque science de l'homme mise en avant, dans toutes ses dimensions, en appelle à une compréhension relativement exhaustive. Celle-ci est la preuve d'un sain réalisme sémantique dont chacune des disciplines se voudrait être un savoir de l'homme et non une abstraction d'une parcelle découpée absolument de l'homme.

Malheureusement, l'interprétation plus ou moins exacte de la réalité humaine demeure à tous égards une véritable gageure. Elle ne va pas sans intégrer la dimension abstraite qui est l'une des caractéristiques des savoirs modernes. L'accès à la politique et à la philosophie trouve sa justification dans le fait incontesté que la réalité humaine est ouverte. A ce niveau d'analyse, l'interdisciplinarité trouve appui sur une démarche philosophique, c'est-à-dire au plan de la philosophie des sciences. On se trouve ainsi ramené à un ordre complexe des choses d'autant que la philosophie, fort de sa dimension métaphysique se propose ici d'intégrer dans sa méditation des phénomènes extra-philosophiques comme la réalité humaine. Celle-ci est renvoyée à la sphère anthropo-sociologique. Notre perspective est de fonder le lien entre philosophie et anthropologie. De nombreux philosophes modernes comme Rousseau, Kant et Marx donnent à penser l'anthropologie philosophique.

En conséquence, un ordre complexe de réalité multidimensionnelle se construit là où se trouve être traduite cette approche interdisciplinaire des sciences humaines et sociales. Elle est liée aussi à la simple intégration des sciences de l'homme au cœur de la philosophie dont un des enjeux renvoie à la saisie globale de l'homme par chaque discipline scientifique. A dire vrai, l'interdisciplinarité se révèle être aujourd'hui l'une des problématiques théoriques et pratiques les plus remarquables dans la perspective inter-actionnaire du savoir. Ce qui est en jeu, c'est la relation de type réciproque, rétrospective, intégrative et complémentaire ou unitaire des sciences humaines. De plus, elle concerne l'analyse logique, philosophique et sociologique de l'homme. Aussi se caractérise t-elle par des progrès scientifiques actuels comme la bioéthique, la biotechnologie.

Or la nouvelle transdisciplinarité autorise à dénoncer les limites du dogmatisme scientifique. Pour la caractériser Morin évoque l'hypothèse de « la soudure épistémologique ». Elle incite à dépasser la vision classique d'une nature pure ou dure et d'un homme pur de toute nature. On désigne là une sorte d'anthropo-sociologie de la connaissance qui serait non classique et qui reconnaîtrait l'articulation des sciences et ferait exister un homme naturel ''et une nature humaine''. Les sciences seraient donc à la lisière de la nature et de la culture. Cette procédure d'inspiration non classique dont on n'est pas encore en mesure de cerner tous les contours épistémologiques peut se donner à penser comme un véritable acte épistémologique de nouveauté paradigmatique où science et éthique peuvent effectivement faire route commune vers la nouvelle science, en allant du simple au complexe pour arriver à la science du complexe.

Les recherches épistémologiques actuelles se donnent à penser de plus en plus à la faveur d'une approche interdisciplinaire à la faveur de la science du complexe aujourd'hui dont la quête des fondements logiques et éthiques est doublée de la fonction socio-logique des savoirs. Ces considérants épistémo-logiques sur la corrélation des sciences ainsi posés fonctionnent comme une série d'approches de complexité présentées au seuil d'une épistémologie nouvelle. Elle cherche à se fonder sur la perception et l'analyse approfondie des problèmes globaux du monde contemporain.

L'intérêt épistémologique de cette démarche complexifiée se voit au surplus attesté par le fait, désormais, aperçu que la complexité essentielle implique que les scientifiques du monde soient incités à réfléchir sur la validité et, partant, sur la légitimité et la « faillibilité » des théories scientifiques fondamentales de notre temps. A cet effet, Morin s'attache à saisir au tant que faire se peut, ces présupposés logiques, épistémologiques et méthodologiques relatifs aux statuts et fonctions de l'interdisciplinarité. S'ouvre alors une double vision qui tend à éclairer davantage les médiations épistémologiques et paraît remettre en perspective ce qui s'offre sous la figure d'une simple intégration des sciences.

De façon générale, l'interdisciplinarité qui en découle consiste en un certain rapport d'unité, de relations et d'actions réciproques, d'interpénétration entre diverses branches du savoir, c'est-à-dire des questions scientifiques. Pareille approche n'exclut pas radicalement la théorie des systèmes de laquelle il découle que la genèse, la structure, et la fonction de toute relation entre les sciences, de type interdisciplinaire, se donne à comprendre, dans une relative mesure, comme dialogique, et ce, à la faveur des disciplines scientifiques mises enjeu.

Seulement, il manque à cette approche systémique le principe d'autonomie ou celui dit de « dépendance » relative ainsi que le principe d'émergence globale et partielle que Morin applique assez souvent aux phénomènes physiques et chimiques. De fait, l'approche disciplinaire de la science revêt un caractère simplificateur et unitaire. Elle mérite d'être dépassée, se voulant ainsi, et avant tout un art de connaissance scientifique classique ; faute de diversité, de multiplicité variationnelle et de principe de généricité dont on retrouve quelques aspects chez le second Wittgenstein et son antiphilosophie relativisée. Cet art de simplicité se donne pour objectif d'étudier les domaines scientifiques séparés, cloisonnés, compartimentés en respectant leur autonomie. Celle-ci laisse entrevoir une aptitude à développer un type de savoir relatif à un champ d'investigation bien déterminé. Il paraît, donc, justifié de considérer l'interdisciplinarité comme étant aux antipodes de l'approche uniquement disciplinaire devenue inopérante. Autant celle-ci trouve son point de chute dans la pluridisciplinarité, autant celle-là gagne en dignité épistémologique lorsqu'elle fait signe vers la transdisciplinarité envisagée en deux volets : ancien et nouveau. Il serait alors insuffisant de penser la complexité des savoirs comme étant quelque chose qui peut se résoudre à un simple niveau d'échange fécond, réciproque entre les disciplines ; non sans tenir compte de leurs résultats scientifiques dont la synthèse serait absolue.

Cependant, penser la nouvelle transdisciplinarité est d'autant plus fructueux qu'elle permet de discuter l'émergence de la pensée complexe. Dans son déroulement, la complexité se déploie en fonction des nouveaux principes intégrateurs et régulateurs des sciences. De la sorte, ces derniers fondent d'abord la pluridisciplinarité et partant, l'interdisciplinarité. Une fois relativisée, celle-ci s'ouvre maintenant à la transdisciplinarité. Car, en fait, le mode d'exposition de savoirs dans la pensée complexe de Morin est caractérisé par une articulation complexe des disciplines scientifiques. Cette corrélation en fait un remarquable paradigme. Ainsi définie l'épistémologie complexe, dans l'optique de Morin, apparaît comme science de l'universel. Par contre, cet universel se veut non classique, en raison de sa transversalité. Pour le coup, elle lègue à la postérité philosophique le matériau essentiel et le paradigme rénovateur de la science. Cette nouvelle piste de la recherche en complexité donne à penser l'épistémologie comme une science transversale parce qu'elle est en quête de ses procédures et de sa rationalité ouverte, et parce qu'elle est à la lisière de la complexité et de la simplicité. La dialogique qui advient s'érige alors en cadre théorique par excellence de la transversalité logique.

Tout se passe comme si Morin avait été conduit à élaborer son épistémologie comme horizon de la complexité indépassable de notre temps et dont il a tenté de mettre implicitement en évidence la logique de la connaissance sur fond de méthode. Dès lors, la référence à ce nouveau paradigme et au nouveau discours de la méthode présente ainsi un intérêt heuristique de premier ordre, et ce, dans le cadre transdisciplinaire rénové. Cette souplesse de la pratique scientifique se fait à partir de la complexité épistémologique comme principe de rationalité ouverte au raisonnable. Morin admet ainsi l'existence plurielle de la science. De la science aux sciences, nous pouvons, donc, en rester là et se résoudre à penser son caractère parascientifique et méta-scientifique.

Cela étant dit, le déterminisme métaphysique de la connaissance scientifique trouve manifestement sa « limite », à partir du moment où Morin estime que sa démarche plaide pour une connaissance sans fondements. Il s'inspire de la « corroboration » dont Popper se fait l'écho dans son faillibilisme épistémologique. Ce processus permet de tester chaque fois nos théories en vue de progresser vers la vérité, c'est-à-dire à la recherche permanente d'une idée régulatrice qui met en mouvement la science contemporaine. C'est dire que la complexité ne fait pas corps avec l'idée relative à la possession de la Vérité. La vérité est non seulement objective, mais aussi et surtout complexe.

C'est relativement à cela que Popper écrit : « *Elle est un processus objectif, « sans sujet connaissant », qui met aux prises des hypothèses qui sont largement indépendantes des individus (...), ce processus se déroule dans un espace logique ouvert par l'usage de l'argumentation et du débat critique, et il est conduit, par élimination des hypothèses réfutées grâce à l'expérience, à la sélection de celles qui paraissent, en l'état de la discussion, les mieux adaptées* »[1]. De plus, la position de Popper sur le statut de la philosophie est manifeste. A *contrario* du positivisme logique et du Cercle de Vienne, pour Popper, il est temps d'abandonner tout espoir de fonder la raison sur la seule logique en vue de faire droit à l'incertitude logique. Toutes ces questions ont fait l'objet d'un travail collectif dont les conclusions se donnent à lire dans les actes du « Colloque de Cerisy »[2]

C'est ce que Morin trouve comme élément d'épistémologie non classique chez Popper. Il est question de prendre conscience non seulement de la complexité de la réalité mais celle de la vérité physique, biologique, humaine, politique. La complexité de la réalité s'identifie avec celle de la vérité. L'affirmation de Morin qui va suivre en dit long : « *Lorsque la philosophie essaie de se constituer en science (sur le modèle de la science classique), comme il est advenu pour le courant du Cercle de Vienne, la coupure fondamentale renaît entre cette philosophie scientiste et objectiviste, qui a perdu la problématique philosophique, et l'autre philosophie, qui se concentre d'autant plus se ferme) sur l'intuition, l'expérience intérieur, la réflexion, la spéculation* »[3]. Ainsi, la philosophie demeure impuissante à concevoir une science impuissante à se concevoir et impuissante à concevoir la philosophie[4]. Il s'agit de créer et de développer le rapport entre les faits et les valeurs. Les faits sont dans les valeurs et les valeurs sont dans les faits. Ceux-ci renvoient à la science et celles-là à la philosophie. La pensée simplifiante n'a pas compris qu'une science ne peut progresser en complexité que si elle progresse en solidarité. Science et complexité épistémologique vont ensemble pour instaurer autant que possible « la nouvelle épistémologie »[5].

---

[1] Karl POPPER, *op. cit.,* p. 14.

[2] Actes du colloque de Cerisy organisé par Renée Bouveresse au Centre Culturel de Cerisy-la Salle du 1er au 11 juillet 1981, « *Karl Popper et la science d'aujourd'hui* », Paris, Aubier, 1989, p. 9.

[3] Edgar MORIN, *op. cit.,* p. 21.

[4] *Ibid.*

[5] Auguste NSONSISSA, *Edgar Morin ou la nouvelle épistémologie*, Paris, L'Harmattan, coll. « Ouverture philosophique », 2019, p. 123.

Malheureusement « *les gens du Cercle de Vienne,* pense Morin, *se fondaient sur l'idée que la démarcation entre la science et la non-science était évidente* »[1]. Il faut comprendre la recherche dans la perspective positiviste logique comme le lieu de vérification d'un énoncé. Cela ressort plus clairement au vocabulaire de Wittgenstein lorsqu'il dit que « le sens d'un énoncé est sa méthode de vérification ». La proposition est définie à partir de son sens formel comme si elle était vraie. Dans ce cas, le sens d'une proposition est son mode de vérification. Et la méthode de vérification est le sens lui-même. Car, ce sont les présupposés logiques sur lesquels l'empirisme logique se fonde clairement.

Pourtant, dans *La logique de la découverte scientifique* et plus particulièrement à la Préface de l'édition anglaise de 1959, Popper montre que la philosophie met au premier plan l'étude du monde. Cette question intéresse déjà Parménide d'Elée. Par conséquent, la philosophie et la science doivent informer l'homme sur le monde. Mais, selon Popper « *les analystes du langage croient qu'il n'y a pas de problèmes philosophiques authentiques ou que les problèmes de la philosophie, s'il, y en a, concernent l'usage linguistique ou la signification des mots* »[2]. Ce propos indique les malentendus entre Popper et les positivistes logiques sur le statut de la philosophie et de son rôle heuristique dans les médiations épistémologiques entre les disciplines scientifiques. Par-delà la question de l'objet de la philosophie, c'est-à-dire le langage devenu comme le nouveau paradigme refondé, Popper critique la manière dont les positivistes logiques tentent de résoudre le problème de la méthode philosophique : « *les analystes de langage se considèrent comme les praticiens d'une méthode particulière à la philosophie. Je pense qu'ils ont tort car je crois à la thèse suivante : les philosophes sont aussi libres que d'autres d'utiliser, dans leur recherche de la vérité n'importe quelle méthode. Il n'y a pas de méthode particulière en philosophie à la philosophie* »[3]. Popper accorde un intérêt particulier au problème de la démarcation et se propose de tenter de le résoudre. Cette résolution envisagée par Popper est d'un élan de réhabilitation

---

[1] Edgar MORIN, *op. cit.,* p. 68.
[2] Karl POPPER, *op. cit.,* p. 12.
[3] *Ibid.*

de la philosophie théorique. Le problème de la démarcation préoccupait aussi bien Kant que Popper bien avant les conclusions du Cercle de Vienne qui font droit à la conception scientifique du monde. Popper va jusqu'à penser qu'il reste l'un des problèmes les plus discutés en philosophie et dont Hume est compté parmi les antécédents.

L'approche non classique de la logique de la connaissance qui a prévalu sur ce point selon lui est celle de la science qui repose sur l'observation et l'induction, alors que la métaphysique n'est rien moins que spéculative. C'est là, justement, l'objet de la discorde. Après discussion, ce problème aide à distinguer ce qui est scientifique de ce qui ne l'est pas. C'est la mise en route inédite de la falsifiabilité. Popper critique la conception réaliste de l'objectivité en science. Cette-ci paraît redevable à l'objet de Platon qui donne à penser l'objet scientifique en dehors du monde sensible. Popper rejette aussi la conception idéaliste qui tend à faire dépendre l'objectivité de l'effort abouti ou des précautions et des préventions du sujet cartésien. L'objectivité change de statut épistémologique chez Popper. Elle s'obtient comme un résultat auquel aboutit la discussion critique ou intersubjective.

L'épistémologie peut alors devenir une « épistémologie sans sujet connaissant ». Popper écrit : « *Un système n'est scientifique que s'il fait des assertions qui peuvent entrer en conflit avec des observations ; et on teste d'ailleurs un système en s'efforçant de créer des conflits de ce genre, c'est-à-dire en essayant de le réfuter* »[1]. La falsifiabilité est au fond, la mise en évidence de la méthode critique. Or, examiner une théorie selon la méthode critique consiste à soumettre cette théorie à la discussion critique afin de juger son niveau de testabilité. La falsifiabilité, au regard de la nature de son critère, révèle que tous les énoncés n'ont pas le même degré de testabilité. Il y a des théories hautement testables, à peine testables et non testables, ''métaphysiques''.

En effet, la méthode critique seule permet à Popper de réhabiliter la métaphysique : « *Popper par la critique de l'induction et du préjugé antimétaphysique selon lequel seules les propositions vérifiables ont*

---

[1] *Idem.*

une visée cognitive : il n'y a aucun fondement certain à la connaissance ; seule une attitude fondamentalement critique peut contribuer à la croissance de la connaissance »[1]. La science n'est pas la possession de la vérité, comme veut le faire croire le mythe inductiviste. Mais la science recherche la vérité. Elle est un idéal régulateur, une norme régulatrice qui donne sens à notre faillibilité. La rationalité critique doit guider toute théorie qui se veut scientifique. L'épistémologie poppérienne est une étude de la croissance de la connaissance scientifique. Aussi, écrit-il, dans ce sens : « *La conception empiriste logique de la science procède par ailleurs d'un préjugé naturaliste, c'est-à-dire l'idée selon laquelle, il y a des énoncés que nous devons accepter comme vrais et avec résignation, simplement parce qu'il ne semble pas possible, pour des raisons logiques, de les soumettre à des tests* »[2]. Popper vise, en effet, de soumettre à la critique la conception empiriste de l'épistémologie qui s'est développée par les membres du Cercle de Vienne dont le paradigme de simplicité est mis en relief.

Il se caractérise par la classification disjonctive des sciences : d'un côté les sciences de la nature et de l'autre celle dites humaines ou sociales. Pour les tenants de ce paradigme, les vraies sciences sont exactes, précises et sûres et certaines de leur résultat. Contrairement à la philosophie qui baigne dans l'incertitude, très évasive, plus abstraite et imprécise. Cela étant dit, elle échappe à l'expérience. Cette rationalité de type inductif tant réclamée par les néopositivistes fait croire que la science se justifie seulement par l'accumulation d'énoncés particuliers d'observation. Pareille réduction négative ou du classique ne n'épouse pas l'assentiment des épistémologues comme Popper et Morin. Ainsi, le témoigne ce passage qui montre ce qui est en principe critiqué c'est : « *Le vieil idéal de l'épistémè, l'idéal de la connaissance absolument certaine et démontrable* »[3]. La rationalité critique de Popper est un renversement épistémologique de celle issue du Cercle de Vienne.

---

[1] Aïssatou Léna SENA, « La méthode inductive : Popper et le Cercle de Vienne », *Autour de la méthode,* (dir.) S. Bachir Diagne, Epistémè, Dakar, PUD, 1995, p. 88.

[2] Karl POPPER, *La logique de la découverte scientifique, op, cit.,* p. 45.

[3] *Ibid.,* p. 286.

Chez Popper, l'induction ne permet pas ni la découverte ni la confirmation des hypothèses scientifiques. Il s'oppose ainsi à l'idée que l'induction soit la méthode par excellence en science. Selon lui, les hypothèses scientifiques sont testées déductivement : on dérive d'elles des énoncés singuliers testables empiriquement. Si le test est négatif, l'hypothèse elle-même est réfutée. L'activité scientifique consiste alors à tenter de falsifier des hypothèses. Celle qui résiste à cette entreprise rationnelle, peut-être provisoirement acceptée. Aucune théorie scientifique ne saurait être définitivement établie. On trouve cette idée argumentée par Hanson qui cite en exemple « le principe d'incertitude ». Il déclare que « *le physicien quantique a beaucoup d'obstacles techniques à franchir : il attaque la plupart d'entre eux à l'intérieur du cadre de travail conceptuel de la théorie. Le principe d'incertitude ne fait pas partie de ces obstacles, car il fait partie intégrante de la perspective du physicien quantique, de l'observation de toute expérience fructueuse depuis 1925. Les faits enregistrés durant les dernières trente années de la physique sont inintelligibles si ce n'est sur fond de cet arrière-plan conceptuel. On ne peut soutenir une position quantique et continuer à atteindre le jour où les difficultés des relations d'incertitude auront été surmontées. Ce serait comme jouer aux échecs et espérer néanmoins qu'un jour les difficultés qu'il y a à ne pas posséder qu'un roi auront été surmontées. Soutenir une position quantique, c'est précisément admettre que ces relations sont incontournables (...) Néanmoins nous ne pouvons pas voir le monde microscopique comme nous le voyons maintenant sans admettre que les relations d'incertitude sont inextricables dans l'organisation de ce que nous rencontrons* »[1]. Cela dit, la théorique est aussi le lieu de la manifestation de la complexité épistémologique. Quant à Karl Popper[2] ne rejette pas totalement l'induction dont il trouve les ancrages du « principe de l'empirisme » chez David Hume[3]. Mais il pense que la constitution de la science ne saurait partir uniquement d'elle. Autrement dit, la constitution de la science va de la déduction à l'induction, puisque ne sont testables empiriquement que les énoncés singuliers au moyen du principe de la falsifiabilité.

---

[1] Norwood R. HANSON, *op. cit.*, p. 194.

[2] Karl POPPER, *Le réalisme et la science, op. cit.*

[3] Yves MICHAUD, *Hume et la fin de la philosophie*, Paris, PUF, coll. « Quadriges », 1983, p. 70.

Par conséquent, cette nouvelle rationalité dite critique est une invite à la prise de conscience de la complexité scientifique, c'est-à-dire à savoir qu'une science privée d'incertitude est vouée au dogmatisme. Les enjeux de la physique quantique nous en donne la primeur. En effet, ces réflexions deviennent profondes quand nous les considérons à la faveur du principe d'incertitude auquel Morin attache du prix à la suite de Popper et Heisenberg lui-même. Une physique qui en fait l'économie va être mutilée par la certitude.

Conséquemment, la nécessité de la critique poppérienne du positivisme logique est d'avoir reconsidéré la métaphysique comme science, c'est-à-dire de faire en sorte que la métaphysique retrouve son statut épistémologique. La philosophie peut dans ces conditions jouir de la véritable réalité de son *credo*. Elle gagne à partir de cette critique du positivisme logique en dignité scientifique dans le processus de la recherche de la vérité. Et, ceci, au même titre que la science, son importance et sa nécessité étant clairement affirmées. Popper dégage sa position sur le statut de la philosophie et même de la science. « *Pour ma part, je m'intéresse à la science et à la philosophie parce souhaite apprendre quelque chose au sujet de l'énigme que constitue la connaissance que l'homme a de ce monde. Et je crois que seul un renouveau d'intérêt pour ces énigmes peut sauver la science et la philosophie de la spécialisation étroite et de la croyance obscurantiste en l'habilité particulière de l'expert et en son autorité personnelle* »[1]. Le programme empiriste consistait en l'élimination de la métaphysique, mais Popper réalise par rapport à l'intérêt qu'il accorde à la question une sorte de défense de la philosophie. En reconnaissant à la philosophie son statut scientifique, il lui « *accorde,* écrit Renée Bouveresse, *son droit à la vérité* »[2]. Cette Vérité existe. Mais, nous ne l'atteindrons jamais. Car l'homme est faillible et les moyens théoriques dont il dispose s'exposent à la fragilité de la puissance.

Par ce biais, nous pensons que Popper s'est intéressé à l'interdisciplinarité comme ouverture car la vérité qui échappe aux sciences de la nature peut se cacher derrière les sciences de l'homme

---

[1] Karl POPPER, *op. cit.,* p. 19.
[2] Renée BOUVERESSE, *Karl Popper ou le rationalisme critique,* 2e éd. Paris, Vrin 1998, p. 67.

Dans le fond, sa position sur la science contemporaine tient à son faillibilisme épistémologique. Ce problème de l'interdisciplinarité se pose d'un point de vue logique. Il est la mise en évidence moyennant la méthode unique en sciences, ou la méthode critique des théories scientifiques. Elle rentre dans le processus complexe de traitement critique des théories épistémologiques. Popper écrit : « *Conformément à la conception que j'ai proposée plus haut, l'on devrait identifier l'épistémologie ou la logique de la découverte scientifique à la théorie de la méthode scientifique. Dans la mesure où elle va au-delà de l'analyse purement logique des relations entre les énoncés scientifiques, la théorie de la méthode concerne le choix des méthodes, les décisions portant sur la manière de traiter les énoncés scientifiques* »[1]. Le problème de l'interdisciplinarité posé par Popper tient dans la logique de la découverte scientifique si différente de la « psychologie de la recherche ». Le plus important est que celui de la méthode unique articule les sciences sociales, les sciences empiriques et les sciences formelles.

Contrairement à Max Weber qui estime qu'on ne peut pas articuler les faits et les valeurs au cœur de la démarche scientifique qui se veut positive, Karl Popper défend la thèse de l'interdisciplinarité sur la base de l'objectivité scientifique au cœur de son épistémologie. Pour le dire autrement, lorsqu'il s'avise à réévaluer les sciences sociales ou historiques, il pense qu'elles peuvent être objectives au même titre que les sciences naturelles par la critique rationnelle. L'interdisciplinarité poppérienne procède donc de la méthode des « conjectures et réfutations ». Elle s'applique à toutes les sciences en général, qui plus est, elle est d'ordre actionnaire. Ce faisant, Karl Popper est celui qui a dépassé le partage radical fait par Kant entre la connaissance et l'action. Popper donne ainsi à la science non classique quelques éléments méta-épistémologiques pour justifier le caractère interdisciplinaire de sa démarche méthodologique ou critique.

Il veut montrer que l'on doit passer d'une méthode à une autre sans pouvoir se lasser afin de trouver, une méthode critique qui puisse réaliser un succès dans la clarification des énoncés. Il faut adopter un ensemble des règles qui puisse permettre aux énoncés scientifiques la

---

[1] Karl POPPER, *op. cit.*, p. 46.

possibilité d'être soumis à des tests, c'est-à-dire de s'ouvrir à la falsifiabilité et à la falsification[1].

De fait, les décisions méthodologiques sont indispensables pour plusieurs raisons : celles qui à l'instar des positivistes croient que la science empirique est un système d'énoncés qui satisfont à des critères logiques. Ces défenseurs positivistes croient trouver pleinement une théorie digne d'intérêt où la vérifiabilité se donne à comprendre comme le principe par excellence de la science objective.

Cependant, une autre conception plus différente peut venir de ceux qui ont la tendance de croire que le caractère distinctif des énoncés empiriques réside dans la possibilité qu'ils ont d'être révisés, c'est-à-dire dans leur admission à une critique plus rigoureuse. De ce fait, le progrès même de la science dépend de la manière dont s'effectue le choix entre les systèmes rivaux de théories. En effet, les théories ont une nécessité purement logique qui ne tienne absolument pas de la façon dont elles varient ou progressent.

En conséquence, si la science se caractérise empiriquement par la simple structure formelle ou logique des énoncés, nous ne serons pas en mesure d'en exclure cette forme courante de métaphysique qui résulte de l'action ou des valeurs d'une théorie scientifique. Popper pense que les sciences empiriques sont régulées par la méthode et qu'elle s'ouvre à des dimensions parascientifiques ou métathéoriques. Cette application s'ouvre à l'interdisciplinarité sur la base des normes universelles. Ce passage en dit long : « *Aussi essaierai-je d'établir les règles ou si vous voulez les normes, qui guident le savant lorsqu'il est engagé dans une recherche ou une* découverte »[2]. Il faut admettre que pour Popper, il nous faut une nouvelle logique de la découverte scientifique. La logique des sciences se veut normative. Pareille normativité fait de son faillibilisme épistémologique une rationalité procédurale. C'est en cela qu'elle est l'une des sources épistémologiques de la pensée complexe de Morin. Autrement dit, la complexité s'inscrit dans une relative mesure dans le même ordre que la rationalité critique de Popper.

---

[1] Chez POPPER, la différence entre les deux termes est d'importance. La « falsification est la réfutation empirique », *op. cit.*, p. 187.

[2] Karl POPPER, *op. cit.*, , p. 47.

Elle travaille à articuler science et philosophie. La complexité et la rationalité ouverte étant toujours une invite au dialogue entre les sciences antagonistes et à l'intégration des phénomènes complexes dans ceux qui paraissent simples. Pour ce faire, rien n'est plus facile que de dire d'un problème qu'il est dépourvu de signification. C'est dire donc que la critique poppérienne du positivisme logique se déploie plus intensément dans l'analyse suivante : « *Le positiviste repousse l'idée qu'il puisse y avoir en dehors du champ de la science empirique « positive » des problèmes pourvus de sens, des problèmes susceptibles d'être traités par une théorie philosophique authentique. Il rejette l'idée qu'il puisse y avoir une authentique théorie de la connaissance, une épistémologie ou une méthodologie* »[1]. Il suffit de s'arrêter à un sens suffisamment étroit du terme « signification » toute discussion relative au concept de signification apparaîtra comme dépourvue de sens. Il montre que le dogme de signification est un non-sens.

Dans ce cas, il est devenu selon les propres termes de Wittgenstein « *inattaquable et définitif* »[2]. Le débat relatif à l'existence de la philosophie ou à son droit à l'existence, témoigne bien à partir de sa distinction avec la science de la réalité d'une approche interdisciplinaire. Sémou Pathé Guèye[3] confirme à juste titre cet élan interdisciplinaire entre les sciences, entre les différents domaines du savoir humain. Ce philosophe sénégalais travaille à conjuguer des rapports d'interdépendance nécessaire entre la métaphysique et la science. Cette perspective est articulatoire des savoirs.

Les leçons métathéoriques de cette vision épistémologique sur la réhabilitation de la métaphysique son diverses. Selon Popper qui s'attache à faire avec détermination à la nouvelle science, elle consiste à fixer le principe régulateur de la science selon lequel aucun domaine du savoir ne peut se suffire à lui seul, tout savoir sur le réel est approximatif, relatif et limité. Il faut que la philosophie, par exemple, reçoive le concours de la géographie ou de l'histoire afin de se faire

---

[1] *Ibid.*, p. 48.

[2] *Ibid.*

[3] Sémou Pathé GUEYE, « Le Statut épistémologique de la philosophie chez Karl Popper à travers sa critique de la problématique empiriste logique de l'élimination de la métaphysique », *Epistémè,* n° 3, Dakar, mars 1992, p.65.

une approche tant soit peu complète du réel. Ce réel en question étant lui-même un élément de la pensée complexe, exige dès le départ plusieurs procédures d'accès à sa conquête. La tendance nominaliste ou critique montre déjà que notre connaissance ne saurait atteindre l'universel. Les sciences de la nature ont pour compréhension plus enrichie besoin du concours des sciences exactes afin d'agrandir l'angle de compréhensibilité des phénomènes.

La position de Morin est claire : « *L'acte de connaissance étant à la fois biologique, cérébral, spirituel, logique, linguistique, culturel, social, historique, la connaissance ne peut être dissociée de la vie humaine et de la relation sociale.* »[1] La nouvelle transdisciplinarité dépasse justement le projet positiviste de la science unitaire. La physique n'est plus la seule et unique science qui nous informe uniquement et premièrement sur la réalité. Ce physicalisme est dépassé. Les sciences doivent entretenir entre elles des relations dialogiques afin de travailler à l'étude concertée des phénomènes. La philosophie par exemple doit être en rapport avec la physique, la médecine avec la psychologie, la biologie avec l'éthique. On peut donc considérer l'interdisciplinarité comme une exigence éthique invitant les scientifiques de tous les horizons à la solidarité, à la convivialité, à la complémentarité tout en se respectant. Ils doivent étendre leur accord autour de la complexité.

C'est pourquoi, Karl Popper pense à « *l'influence de la physique sur certaines spéculations métaphysiques qui touchent la structure de la matière* »[2]. Il montre bien qu'il y ait une influence de la physique sur les considérations philosophiques et donc métaphysiques. Les sciences physiques ont un impact épistémologique sur les sciences métaphysiques parce que ces sciences reposent sur l'étude de la matière. Nous supposons que l'approche interdisciplinaire est visible chez Popper. Il pose le problème tant débattu de la transposition de la manière dont doit apprendre une discipline à une autre. Cette transposition constitue une procédure qui permet d'articuler les disciplines. Un problème peut se poser à l'intérieur d'une discipline donnée sans y trouver fondamentalement la solution. Popper estime

---

[1] Edgar MORIN, *op. cit.,* p. 18.

[2] Karl POPPER, « Philosophie et physique », *Revue de métaphysique et de morale,* Paris, A. Colin, Avril-Juin 1987, p. 230.

que la solution en question peut venir d'une autre discipline dite éloignée.

Ensuite, Popper donne à penser l'interdisciplinarité au moyen de la problématique de la « compréhension » comme objet fondamental des sciences humaines. Conscient de la pluridisciplinarité en raison de la distinction qui s'opère entre les sciences de la nature et les humanités, il se propose de penser que même les sciences dites dures peuvent, et cela va de soi, avoir pour objet d'investigation scientifique la « compréhension ». Autrement dit, en dépit des différences qui existent entre les différentes manières de comprendre l'homme, il est possible que les sciences de la nature travaillent aussi à étudier l'homme et son action.

Sur ce point d'importance, Popper rejoint Morin qui pense aussi que la compréhension de la nature n'exclut pas le droit à la compréhension de la nature de la nature humaine, car nous en faisons tous partie intégrante. C'est une question de la complexité de la rationalité dans la mesure où chez Popper la compréhension des hommes est un type de rationalité qui s'identifie à celle moyennant laquelle les scientifiques tentent de comprendre la nature. Et ses lois sont intelligibles grâce à cette nécessité qui leur est inhérente. Popper va jusqu'à constater que cette problématique prend en charge presque toute l'histoire des sciences depuis Hésiode jusqu'à Newton et Einstein en passant par Anaximandre.

Popper n'a pas ignoré la question de l'interdisciplinarité ; surtout lorsqu'il s'oppose à ceux des scientifiques devenus positivistes ou scientistes qui pensent que les humanités ne concernent que les sciences sociales. La position de Popper dans le débat contemporain sur la séparation entre les sciences de la nature et les sciences humaines est claire : la science selon Popper se généralité jusqu'à la littérature. Donc, tout ce qui est scientifique est au fond humain. Cela tient également des productions matérielles. Dans le même élan que Morin, il critique la spécialisation et la professionnalisation qui semblent prendre du relief dans la science contemporaine. Les physiciens doivent aller à la rencontre des psychologues et des historiens contemporains. Autant il plaide pour l'interdisciplinarité, autant il thématise la pluridisciplinarité. Pour preuve, il fait droit à l'histoire comme exemple d'une science pluridisciplinaire.

L'histoire des opinions humaines, constate-t-il, est un ensemble des connaissances humaines parce qu'elle intègre l'histoire de la religion, l'histoire de la philosophie, l'histoire des sciences et de la science. Par-delà la pluridisciplinarité, Popper insiste sur le caractère interdisciplinaire de la science historique en ayant pour angle de vision l'histoire des sciences. Celui qui pratique la science ou qui est confronté aux problèmes scientifiques s'ouvre forcément à l'histoire relative à la discipline concernée. Cela est une exigence procédurale non moins négligeable qui permet au scientifique en question de comprendre véritablement le problème inhérent au domaine de compétence. Chez Popper, ceux des scientifiques ou épistémologistes qui mettent un accent particulier sur la différence radicale entre les sciences de la nature et les sciences de la culture ne sont que des classiques qui abordent un problème déjà vieux et obsolète. Popper ajoute : « *J'aborderai quelques aspects historiques de cette problématique, depuis Descartes, en soulignant ce fait remarquable que la résolution de certaines difficultés ait été le fruit d'une collaboration. Des penseurs spéculatifs comme Descartes, Leibniz et Kant ont tous trois contribué à ce problème en proposant des solutions dignes d'intérêt, même s'il ne s'agissait que de conjectures, et ils aient ainsi ouvert la voie aux travaux d'expérimentateurs et de théoriciens de la physique, comme Faraday, Maxwell, Einstein, de Broglie et Schrödinger* »[1]. Cette reconsidération sur les sciences entre elles, sont une propriété essentielle de l'interdisciplinarité. Elle donne lieu à la recherche même de la vérité elle lui donne effectivement une certaine force, et une détermination de type nouveau dans la vérification des hypothèses de la recherche.

Cette complémentarité méthodologique s'exprime de la manière suivante : « *Nous pouvons, par exemple, prendre en considération et comparer les systèmes différents des règles méthodologiques (...) Nous pouvons alors examiner si un tel principe, une fois introduit peut-être appliquée sans donner naissance à des incohérences, s'il nous aide et si nous en avons réellement besoin* »[2]. Le principe de la

---

[1] *Ibid.*

[2] Karl POPPER, *Logique de la découverte scientifique, op. cit.*, p. 50.

diversité ne va pas sans impliquer celui de la complémentarité des théories, des systèmes et des méthodes. La vérité ne peut pas dans ce cas résulter d'une seule théorie, ou d'une seule discipline scientifique. Cela pose en d'autres mots le problème du statut de la science au-delà de la science unitaire. Il se démarque de cette conception traditionnelle de ces médiations en ces termes : « *C'est à cause de ce lien systématique entre les règles que nous pouvons parler au sens propre d'une théorie de la méthode. Sans doute les déclarations de cette théorie sont-elles pour la plupart des conventions d'une espèce fort évidente* »[1]. L'épistémologie de Popper se décline en une méthodologie des sciences. Cette méthode se veut transversale. Ainsi, dans sa manière de mettre en route l'interdisciplinarité, la notion même de réfutabilité est légitime. Popper donne à l'interdisciplinarité toute sa fonction heuristique.

Après avoir critiqué l'interdisciplinarité classique déroulée au cœur du Cercle de Vienne, Charles Zacharie Bowao pense que « *l'enjeu méthodologique ne consiste donc pas à se donner des prescriptions techniques contraignantes, dont l'application aveugle ou mécanique conduit inéluctablement à la certitude (rationalisme absolu)* »[2]. Le philosophe congolais plaide pour une refondation méthodologique de la pratique scientifique. Elle consiste à prendre au sérieux les incertitudes vertueuses qui accompagnent la recherche en science et en philosophie et la découverte de la vérité, malgré la bonne conduite de la raison qui tend à simplifier cette pratique méthodologique. Pour avoir proclamé la « fin » des certitudes dans les sciences de la nature, les tenants de la complexité essentielle comme Prigogine, Morin et Popper nous font recourir nécessairement à l'application souple de la méthode unique en science Il s'agit des essais et erreurs afin de penser la « Vérité » comme idée régulatrice. Popper renchérit : « *Il consiste plutôt à inscrire toute démarche de la raison, qu'elle soit scientifique ou philosophique, dans une perspective intersubjective et critique (rationalisme critique)* »[3]. Dans cette ouverture réside non seulement l'inconsistance de telle ou telle méthode, mais, également la nécessité de garantir un échange dans le contexte de la discussion rationnelle.

---

[1] *Ibid.*

[2] Charles Zacharie BOWAO, voir particulièrement le chapitre qui s'appelle « La critique poppérienne du positivisme logique », *op. cit.*, p. 115.

[3] *Ibid.*

Cette discussion critique permet de penser la Vérité non pas comme une certitude inébranlable, mais bien au contraire comme un idéal. Le réel est complexe, ce qui dès le départ demande de la part du chercheur une certaine capacité à varier, à sonder plusieurs couches profondes. Cette approche interdisciplinaire trouve largement son prolongement chez Morin qui en a fait tout un projet lorsqu'il écrit : « *Il faut donc aller plus loin, et ici apparaît le terme de transdisciplinaire (...) la science n'aurait jamais été la science si elle n'avait été transdisciplinaire* »[1]. Au-delà de Popper qui s'est limité à l'approche interdisciplinaire de la méthodologie et de la métaphysique, Morin prône une ouverture vers la nouvelle transdisciplinarité. Il saisit avec pertinence la nécessité d'une relation transversale entre interdisciplinarité et transdisciplinarité. Morin opère un changement radical d'orientation de la pensée scientifique. En effet, la rationalité s'explique désormais par la mise en pratique d'un nouvel esprit critique, complexe et incertain, qui pousse justement à choisir la théorie la plus risquée, la plus improbable. Cette nouvelle orientation exige des scientifiques la rééducation de la mentalité des scientifiques en sachant que l'erreur produit la croissance et que la science n'est pas un corps de connaissances définitivement constituées. L'erreur de sous-estimer l'erreur tue l'erreur. Enfin, elle est un opérateur qui indique la complexité de toute réalité et la réalité de la complexité. Pour ce faire, le moment est venu d'aller à la prise en compte notre faillibilité qui permet de penser de nos jours les conditions qui rendent possible l'ouverture des disciplines scientifiques les unes aux autres pour élaborer une approche transdisciplinaire nouvelle qui tend vers la science du complexe.

2. L'acheminement vers la science du complexe

Nous partons de l'idée selon que Morin lui-même est un exemple de cet acheminement vers ce qu'il y a de complexe dans la science. Il est sociologue au départ. Puis, il s'attache à la philosophie en passant par les sciences de la vie et de la terre. A mesure qu'il soupçonne, depuis peu, les philosophies de l'environnement par l'angle de vue écologique, il reconnaît sa dette vis-à-vis des philosophes spécialisés

[1] Edgar MORIN, *op. cit.*, p. 124.

en « cosmologie » scientifique. Avec Michel Cassé[1] Morin écrit les « *enfants du ciel* ». Autant de pistes de recherches qui donnent à penser ce qu'il convient d'appeler les conditions de possibilité d'une nouvelle transdisciplinarité épistémologique et cosmologique. Elles sont liées à l'ouverture que commande la complexité de toutes les sciences. On arrive alors à questionner la rationalité scientifique elle-même dans ses limites et dans sa portée éthique et théorique.

Mais, qu'est-ce alors que la science ? Cette interrogation ainsi formulée est plus qu'une simple intuition régulatrice de la connaissance scientifique. Elle ne cache ni la complexité méthodologique, ni le désagrément que peut causer la question du statut épistémologique des sciences humaines en général et celui de la philosophie des sciences, en particulier. Encore faut-il répondre à la question de savoir si la philosophie en tant que telle est vraiment une science humaine. Emmanuel Malolo Dissaké le dit dans la formule ci-après : « *Qu'est-ce donc que la science ? Tel est le problème éternel de la philosophie des sciences ; problème peut être insoluble comme tout problème philosophique, du moins selon une certaine tradition de la philosophie qui tient que cette discipline ne s'occupe jamais que des questions pérennes, pour lesquelles chaque tentative de solution ouvre un nouveau continent d'interrogations, et cela à l'infini* »[2]. Il souligne que la complexité épistémologique de cette perspective vient des scientifiques eux-mêmes, lorsqu'ils ne se posent pas la question sur la nature de la science en tant que science. Selon eux, elle devrait simplement aller de soi. Parce qu'elle se fait plus du dedans qu'elle ne se parle.

Par ailleurs, le souci majeur qui enveloppe une telle considération quelque peu classique est de ne pas les voir questionner de l'intérieur leur matériau conceptuel et leur façon de pratiquer la science. Quoi que l'on en dise, l'épistémologie est ce qui les sortirait de cette sorte de travail à l'aveuglette. Des constructions scientifiques et épistémologiques devraient aller de pair, même si la science veut

---

[1] Edgar MORIN et Michel CASSE, *Enfants du Ciel, entre vide, lumière, matière,* Paris, Odile Jacob, 2003, p. 99.

[2] Emmanuel M. DISSAKE, « La route vers Against Method », dans la présentation, trad. franç., que l'auteur a faite de *Réalisme, rationalisme et méthode scientifique. Ecrits philosophiques* I. de Karl Paul FEYERABEND, Paris, Dianoia, 2005, p. 7.

n'être que cela. La dimension critique et méta-critique est en quelque manière une justification additionnelle du travail des scientifiques réalisés en marchant. Elle a une position de surplomb qu'elle a toujours revendiquée. Cette position est discutable, car elle tend vers le pan-épistémologique. Elle a des accents classiques d'autant plus qu'elle fait abstraction de la critique interne aux sciences. Pour le philosophe camerounais : « *tout le caractère philosophique de l'épistémologie, cette espèce de discipline au statut ambigu qui se flatte de sa position d'interface entre la science et la philosophie, tirant avantage du prestige supposé de la réalisation ici d'une philosophie finalement rigoureuse (...) et s'exposant du même coup à la critique endogène comme exogène de ceux qui l'accusent soit de verbalisme gratuit et de superficialité, soit de prétention injustifiée au vu de ses résultats qui n'attestent pas de la complicité présumée avec la science qui pourrait donc conduire à une meilleure compréhension de celle-ci* »[1]. Les difficultés d'application de la notion de Science, en général ont conduit également Morin à poser le même problème de l'unité de la science et de la pluralité les sciences suivant la réflexion déjà amorcée par Gilles Gaston Granger[2].

Dans sa rationalité complexe, Morin n'entend pas juxtaposer les caractères biologiques et les caractères culturels. Tout comme il n'entend nullement superposer les disciplines scientifiques. La dynamique des sciences est de l'ordre d'une boucle qui repart toujours à zéro et qui se déploie sous la forme d'un processus ininterrompue. Les sciences sont essentiellement différentes les unes des autres, mais elles sont associées et complémentaires en raison de leur diversité. Pour Morin « l'un est multiple »[3]. Voilà pourquoi, « la soudure épistémologique »[4] s'érige en une nouvelle exigence de la pratique contemporaine de la science. La démarche transdisciplinaire montre que la science est plurielle. Elle relève de la complexité multiversale et transversale. La science est un échange et une discussion. Elle est devenue solidarité en raison de l'humilité qu'elle exige. Il faut pour

---

[1] *Ibid.*, p. 8.
[2] Gilles Gaston GRANGER a écrit *La science et les sciences* pour dire l'unité et la diversité scientifique non sans relation problématique et controversée entre science et sciences.
[3] Edgar MORIN, *La méthode 5. L'humanité de l'humanité*, Paris, Seuil, 2001, p.59.
[4] *Ibid.*

cela un échange constant des procédures méthodologiques afin de cerner le concept de complexité épistémologique.

L'idéal de certitude issu de l'image que proposait l'épistémologie classique de l'induction sera remplacée par la rationalité critique et complexe. En effet, Popper a ouvert dans cet élan interdisciplinaire le calcul mathématique appliqué à la réalité dans *Conjectures et réfutations*[1]. Cette application des procédures mathématiques à la réalité concrète prône l'ouverture du domaine même le plus abstrait, notamment les sciences formelles aux sciences empiriques. Il sera nécessaire de montrer que Popper fixe l'ouverture des savoirs à partir de la logique déductive au moyen du principe de réfutabilité qui est un critère du progrès de la connaissance scientifique. Ce travail a été amorcé par Gödel dans ses théorèmes d'incomplétude. Ces théorèmes travaillent à prôner l'ouverture des savoirs scientifiques. C'est dans ce contexte de découverte et de justification de la crise des fondements logicistes de la connaissance que se donne à penser l'échec de la disjonction entre les savoirs.

Morin donne l'explication ci-après : « *Ainsi, les principes/règles organisant la connaissance humaine instituent-ils, au niveau cérébral comme au niveau mental/spirituel, une dialogique coopérative digital/analogique. Ce double dialogique est de nature complexe, c'est-à-dire que les relations entre d'une part le digital et la logique d'autre part l'analogique, sont non seulement complémentaires, mais aussi concurrentes et antagonistes* »[2]. La complexité se veut dialogique selon que la pensée complexe joue un rôle médiateur. Elle travaille à mettre en relief toutes les dimensions de la pensée complexe mise en avant : la pensée abstraite, la pensée symbolique, la pensée comme calcul ou la logistique.

La transdisciplinarité logique apparaît ici comme un tournant paradigmatique nécessaire à la critique de la logique disjonctive. Elle accorde le primat aux articulations complexes de type logique, dialogique, analogique, paralogique et métalogique des connaissances. C'est le paradigme de la reliance qui est mis en jeu pour dépasser les méthodologies dichotomiques. Précisons qu'avant Morin, il est

---

[1] Karl POPPER, *Conjectures et réfutations,* Paris, Payot, 1985, Chap. 9, p 300.
[2] Edgar MORIN, *La méthode 3, op. cit.*, p. 141.

question de Karl Popper qui avait réfléchi dans le même élan sur le sens articulatoire des rationalités. Il pose le problème dit de Parménide celui qui articule la nature et la nature humaine en son temps. Il déclare : « *Je crois que toute science est cosmologie et que, pour moi l'intérêt de la philosophie aussi bien que celui de la science, réside uniquement dans leurs contributions à l'étude du monde. Pour moi,* ajoute-t-il, *en tout cas, la philosophie comme la science perdrait à renoncer à un effort dans ce sens* »[1]. Le reliance entre l'épistémologie et la cosmologie est de nature à conduire à l'avènement de la transdisciplinarité.

C'est une perspective nouvelle qui invite méthodiquement et les différents pans entiers du réel au dialogue entre les sciences. La dialogique entre la philosophie et la science permet de poursuivre un but commun celui d'étudier le monde et ce que nous y mettons. Cette dialogique donne droit à l'approche transversale de la connaissance qui ouvre la voie à la rationalité complexe intégrant ainsi le possible, le probable et le réel. Cela dit, Morin plaide alors pour une médiation épistémologique. Elle concerne les sciences et toutes les rationalités possibles dont les sources livresques se trouvent indiquées par Morin dans le *Paradigme perdu*[2]. Dans ce livre, il remet en cause le positivisme sociologique d'Auguste Comte et de Max Weber. En contexte classique, ceux-ci séparent faits et valeurs ou science et éthique. Morin affirme : « *La sociologie fondamentale n'est pas encore née. La sociologie qui se prétend générale ne l'est pas, car elle ne traite que des sociétés humaines, et elle n'est pas pour autant anthropologique, puisqu'elle ne lie pas l'étude de ces sociétés aux caractères propres au cerveau des sapiens. Aussi, la sociologie qui doit naître doit être tout d'abord une science naturelle, dans le sens où la société est un mode d'organisation très répandu, et sous des formes extrêmement diverses, dans le monde vivant. Il s'agit donc d'élaborer la théorie véritablement générale qui puisse saisir à la fois le principe d'unité et celui de la diversité* »[3]. Cette affirmation révèle oh combien Morin est en passe de quitter la sociologie pure en vue d'accéder aux autres continents du savoir.

---

[1] Karl POPPER, *La logique de la découverte scientifique, op. cit.*, p. 12.

[2] Edgar MORIN, *Le paradigme perdu. La nature humaine*, Paris, Seuil, 1973, p. 30.

[3] Edgar MORIN, *op. cit.*, p. 227.

Partant, Morin tente de construire sa première « boucle épistémologique ». Cette nouvelle approche des savoirs procède des processus complexes internes à la pratique scientifique. Pour rendre explicite cet effort d'articulation complexe entre les différents domaines de la pensée scientifique, Morin évoque la thèse de la crise des fondements[1] à laquelle nous nous sommes référés en citant les théorèmes de Gödel. Qui plus est, en même temps qu'il édifie une vertigineuse « *Tour de Babel* » des connaissances, notre siècle effectue une plongée remarquable, plus vertigineuse encore dans la crise des fondements de la connaissance. D'après Morin : « *Brèche dans le réel, ouvrant une béance inaccessible à l'intelligibilité, brèche dans la logique, inapte à se refermer démonstrativement sur elle-même ; par ces deux brèches s'effectue une hémorragie de ce qu'on continue à appeler le réel, et la perte irréparable des fondements de ce qu'il faut continuer à appeler la connaissance* »[2]. Il suit que la crise des fondements de la connaissance scientifique aura des implications logiques. Elle a des répercussions sur la crise des fondements de la connaissance philosophique et sur toutes les pensées inséparables de la crise ontologique du réel. L'articulation tient dans l'ouverture de la rationalité doublée de l'ouverture du réel.

Aussi est-il opportun de penser cette dialogique au niveau pragmatique et théorique où la complexité fait l'objet d'une réflexion sur les fondements philosophiques des savoirs : « *Je ne parle pas d'énigmes qui, comme dans un roman policier, peuvent être résolues, amis du véritable mystère qui excède les possibilités de la raison, et peut-être celle de l'esprit humain (...) Le mystère est dans l'origine de l'univers ; il est aussi dans la nature de la réalité* »[3]. Morin montre le sens de la complexité ontologique à partir de la relativité causée par le caractère aporétique de la connaissance rationnelle. Il pense à la raison humaine qui est aux carrefours des labyrinthes. Cela traduit l'énigme, la complexité et la fragilité de la connaissance humaine. La réalité est un mystère parce qu'elle se prête à des niveaux. Les phénomènes naturels comme la mort et la vie sont de nature à transcender l'autorité

---

[1] Edgar MORIN, *La méthode 3, op. cit.*, p. 14-16.

[2] Edgar MORIN, *La complexité humaine,* Paris, Flammarion, 1994, p. 249.

[3] Edgar MORIN, « Mystère et créativité », *op. cit.,* p. 82.

humaine. Cette complexité existentielle et ontologique défie notre entendement face à l'effectivité de la connaissance que nous visons.

Enrichie par cette problématique qui préside à la conception transdisciplinaire de la première boucle épistémologique, notre interrogation peut se formuler autrement : « *Quelle est la légitimité de concepts physiques issus de l'expérience anthropomorphe et socio-morphe ? Ne sont-ils pas naïvement physico-morphes, c'est-à-dire proposant la réduction des dimensions anthropo-sociales à la seule dimension physique ?* »[1] Ce questionnement dénonce à nouveaux frais le morcellement disciplinaire des concepts opérationnels longtemps défendus par les tenants des domaines systémiques ou cybernétiques de type transdisciplinaire. Ceux-ci étaient incapables de se poser des problèmes de leur propre fondement. Cela induit donc une connaissance sans fondements. Cette interrogation permet aussi de prendre conscience des limites de la rationalité et de reconnaître qu'une science naturelle privée de culture et d'histoire va se révéler insuffisante. A tout prendre, il n'y a pas que les sciences naturelles qui sont en jeu. Ce qui est originaire dans la « reliance »[2] des connaissances est justifié par la réciprocité de cette ouverture pour autant qu'elle fait signer vers les sciences humaines et sociales comme la psychologie, la sociologie et l'anthropologie. Dans la mesure où souder épistémologiquement les sciences signifie également lier la réalité biologie et la réalité anthropologique.

Ainsi Morin peut encore s'interroger : « *Mais alors, comment concevoir la boucle récursive entre le biologique et la culturel, alors que les concepts de la biologie réductionniste ne peuvent s'appliquer à ce qui est proprement humain dans l'humain, et que les concepts de l'anthropologie, de la sociologie, de la psychologie humaine ne peuvent s'appliquer à l'organisation biologique* ? »[3] Au-delà de cette question, Morin veut dire que les sciences empiriques et les sciences anthropo-sociales sont liées. Nul n'a besoin d'un code logique pour justifier leur lien. Dans le fond, c'est l'humain qui est en jeu et le pôle de la transversalité est envisagé pour justifier une éthique de la reliance de connaissances.

---

[1] Edgar MORIN, *La méthode 1, op. cit.*, p. 273.

[2] Edgar MORIN, *Reliances,* Paris, Editions de l'Aube, 2000, p. 67.

[3] Edgar MORIN, *La méthode 5. L'humanité de l'humanité*, Paris, Seuil, 2001, p. 58.

Quant aux concepts biologiques ils sont aussi traduisibles en langage humain ou anthropologique. Il y a effectivement un étroit passage entre les deux continents à savoir que la communication rotative est donc possible entre ce qui est naturel et ce qui est culturel. Mieux, les disciplines qui ressortissent à cette relation entre les sciences de la culture et les sciences de la nature sont contenues l'une dans l'autre, *vice versa.* La méthode de la complexité qui est d'ordre dialogique, du moins s'efforce d'effectuer des communications et des émergences. Cette première double articulation des domaines, de leurs objets, méthode et statuts épistémologiques se révèle dialogiquement fécond pour l'instauration d'une science de la complexité.

Il importe de rejeter ce préjugé qui fait de la physique, de la biologie et de l'anthropo-sociologie des domaines séparés. Il existe ainsi chez Morin plusieurs articulations : la première embrasse des organisations physiques (les étoiles), biologies (êtres vivants, écosystèmes) et anthropo-sociales (les sociétés historiques) ; la seconde articulation travaille à l'organisation communicationnelle qui met ensemble logiquement les êtres physiques et toutes les organisations biologiques et anthropo-sociales dont les implications se justifient au niveau de la voie qui mène vers l'avenir de l'humanité.[1]

Au regard de cette transversalité disciplinaire à laquelle Morin s'attache, il apporte la précision ci-après : « *Il n'y a pas de communication possible entre une biologie privée des concepts d'auto-organisation d'existence individuelle, d'intelligence, et une anthropologie sans vie, où la notion d'hommes s'est désintégrée en disciplines disjointes. En fait, la connexion serait aisée si les sciences biologiques et les sciences humaines accomplissaient leur remembrement, redonnaient leur complexité et de concevaient l'auto-organisation (ou plutôt l'auto-éco-organisation). Dès lors, le passage de la biologie à l'anthropologie pourrait s'effectuer par le passage d'une complexité à une autre* »[2]. Ces deux articulations ont ceci de particulier qu'elles critiquent la « pathologie du savoir » ou « l'intelligence aveugle » pour reprendre les formules de Morin.

---

[1] Edgar MORIN, *La voie. Pour l'avenir de l'humanité*, Paris, Fayard, coll. « Pluriel », 2011, p. 23.
[2] Edgar MORIN., *op. cit.*, p. 58.

Nous sommes en passe de sortir de l'emprise des principes de disjonction, de réduction et d'abstraction dont Descartes a formulé le paradigme maître d'Occident. Morin constate « qu'*une telle disjonction raréfiant les communications entre la connaissance scientifique et la réflexion philosophique devait finalement priver la science de toute possibilité de se connaître, de se réfléchir, et même de se concevoir scientifiquement elle-même. Plus encore, le principe de disjonction a isolé radicalement les uns des autres les trois grands champs de la connaissance scientifique : la physique, la biologie ; la science de l'homme* »[1]. La critique du paradigme de la simplification qui s'annonce entre les lignes de cette affirmation laisse dégager aussi l'échec probable d'instauration d'une « anthropologie fondamentale ». Il se trouve que l'anthropologie devient une des sciences de l'homme. Sur ce, elle coopère avec la biologie, l'écologie et les sciences cognitives. Le naturel et le culturel combinés s'ouvrent davantage au virtuel. C'est dire que la science du complexe est sans dogmes.

Par contre, la méthode de la complexité articule fondamentalement le biologique, le physique et l'anthropo-socio-logique[2] et le noologique. La légitimation de cette médiation épistémologique se fait sur la base de la conception de l'organisation physique à l'intérieur de l'organisation anthropo-socio-logique. On comprend bien qu'une telle approche soit d'autant plus éclairante qu'elle autorise à penser, de plus, les concepts physiques de machine, production, travail etc., comme des concepts émanant de la culture et relevant non seulement d'observations sur la nature mais aussi de l'organisation de la mentalité. Pareille idée implique, non sans raison, l'organisation ou la réorganisation de l'entendement humain et de la justification de la sociologie de la connaissance.

Selon Morin « *la connaissance qui dépend des conditions physico-bio-anthropo-socio-culturo-historiques de production et de conditions systémo-logico-linguistico paradigmatiques d'organisation, (est cela même) qui permet de prendre conscience des conditions, physiques,*

---

[1] Edgar MORIN, *La complexité humaine,* Paris, Flammarion, 1994, p.313.

[2] Nous renvoyons aux conclusions du Colloque International et interdisciplinaire, 4e rencontres de socio-anthropologie de Grenoble, sur le thème : *Comment peut-on être socio-anthropologue aujourd'hui* ? Autour d'Edgar MORIN, 20-21 Janvier 2012, France.

biologiques, anthropologiques, systémiques, linguistiques, logiques, paradigmatiques de production et d'organisation de la connaissance »[1]. Cela dit, aucune science n'est absolument autonome. Plutôt, l'autonomie se veut relative. La légitimation de la complexité du rapport entre les sciences va de pair avec ce que Michel Foucault entend dire lorsqu' il plaide en faveur de la réhabilitation des sciences humaines au travers de son « trièdre des savoirs »[2]. Pour lui, les analyses scientifiques visant à disqualifier la forme des sciences humaines manquent de pertinence parce qu'elles sont bien lassantes. Qui plus est, la plupart des scientifiques du XXe siècle sont du côté d'un rationalisme ouvert, démarche intelligible de la complexité de part en part, à tous ses moments.

Dans le fond, la réflexion vise à revisiter l'époque de Descartes ou le scientifique, s'il avait assez de génie, pouvait être à la fois un philosophe, un physicien, un mathématicien. Descartes considéré par Morin comme l'un des tenants de la pensée classique a pensé à sa manière la pluridisciplinarité. Pour preuve, il écrivait en 1637, *Le Discours de la méthode* où il reconnaît avoir été nourri aux lettres, c'est-à-dire la culture littéraire, la littérature, les mathématiques, la médecine, et les autres sciences enseignées en son temps. En dépit du fait que son arbre de la connaissance se fonde sur la métaphysique, l'image qui transparaît ici est bien celle du pluralisme scientifique. Car au niveau des branches se donnent à penser les sciences dites particulières. En fait, ces sciences sont interchangeables. C'est là une méthode de la « complexité simplifiée » pour ainsi dire. Elle revient à ne plus écarter trop vite, d'un revers de main, l'idée centrale de Morin : la nouvelle transdisciplinarité. C'est là aussi le fait de ramener toute la fécondité théorique de cette méthode de la complexité à l'actualité en contexte de la théorie moderne des sciences. Leibniz est une des figures de proue en ce qui concerne l'avènement de l'encyclopédie. Ces critiques, en des termes différents, vont dans le sens contemporain Bertrand Russell pense que la distinction entre logique et mathématiques n'est rendue possible qu'au point de vue historique. Donc, science et philosophie devraient aller à l'unisson.

---

[1] *Ibid.*, p. 252.

[2] Michel FOUCAULT, *Les Mots et les choses. Une archéologie des sciences humaines*, Paris, Gallimard, 1966. p. 355.

D'après lui, aujourd'hui, « *la logique est devenue plus mathématique et les mathématiques sont devenues plus logiques. La conséquence est qu'il est maintenant impossible de tracer une ligne de démarcation entre les deux ; en fait les deux ne sont plus qu'une (...) Beaucoup du travail mathématique moderne côtoie la logique et beaucoup de la logique moderne devient symbolique et formelle, de manière que la relation étroite qui unit le mathématicien au logicien saute aux yeux de tout travailleur instruit. La preuve de cette identité est évidemment question de détail* »[1]. Cette affirmation remet en cause le « mathématisme », le « positivisme », « le positivisme logique » et ses variantes[2], le « scientisme », le « philosophisme », le « physicalisme ». Bien plus, dans la mesure où la tendance formaliste issue de Leibniz, Boole, Frege l'emporte sur l'ontologique, la logique cessant ainsi d'être redevable à la psychologie, se propose, franchissant d'un bond toute l'échelle des savoirs, de prendre rang aux côtés de la mathématique. D'une mathématique qui se logicise en même temps que la logique se mathématise, en deux opérations conjuguées.

En raison de cette imbrication mutuelle qui, à un degré non moins suffisant d'abstraction, abolit la distinction entre l'intuition logique et l'intuition mathématique, Robert Blanché prend intérêt à réduire la distance qui sépare les deux sciences formelles. Il écrit : « *Toutes les vieilles manières de distinguer ou même d'opposer, logique et mathématiques apparaissent aujourd'hui étrangement périmées : quantité et qualité, syllogisme et démonstration, inhérence et relation, jugements analytiques et jugements synthétiques, discipline normative et discipline théorique, philosophie et science. Non seulement la nouvelle logique a été faite par des mathématiciens, mais, de plus, elle n'a pas tardé à être fait pour les mathématiciens. Le ''formulaire'' de Péano, le ''Begriffsschrift'' de Frege, la ''logistique'' russellienne, se proposent comme des langages adaptés à l'expression de la pensée*

---

[1] Bertrand RUSSELL, *Introduction à la philosophie mathématique,* Paris, Payot, 1928, p. 231-232.

[2] A ce stade on peut évoquer l'empirisme logique, l'atomisme logique et l'instrumentalisme. A contrario, le plus important est la question que pose Karl Popper dans la quête inachevée : « Qui a tué le positivisme logique ? ».

mathématique »[1]. Ce propos nous introduit à la dimension philosophique et logique du langage scientifique chez Frege[2]. Précisons que le troisième chapitre de l'*Idéographie* de Frege[3] se propose de répondre à la question de savoir si le fondement de l'arithmétique est purement logique. Effectivement, la réponse est affirmative. Elle rend explicite l'objectif principal du programme logiciste de Frege. Ces questionnements ont connu un regain d'études sur « la testabilité et la signification » des connaissances scientifiques ou logiques chez Carnap[4]. Et ce, dans le prolongement de la philosophie contemporaine des sciences.

Par contre, le fondement logique des mathématiques appelle quelques remarques. D'abord, pareil fondement logique ne fait pas seulement abstraction de l'intuition. Il renvoie aussi et surtout à une connaissance purement conceptuelle, essentiellement « analytique » au sens frégéen. En effet, faire l'économie de l'intuition en vue d'accorder le privilège au concept, revient à fonder logiquement la connaissance qui tend à l'universel. Sur le rejet de l'intuition Frege déclare : « *A partir de là ma démarche était de chercher d'abord à réduire le concept de succession dans une suite à la conséquence logique, puis à progresser vers le concept de nombre. Pour que, ce faisant, quelque chose d'intuitif ne puisse s'introduire de façon inaperçue, tout devrait dépendre de l'absence de lacunes dans la chaine de déductions* ».[5] L'analytique se démarque du contenu sémantique de la pensée que lui donne Aristote[6]. La nouvelle analytique travaille à donner un contenu précis à l'idée selon laquelle l'arithmétique n'est logique par essence par vocation.

---

[1] Robert BLANCHE, *Raison et Discours, Défense de la logique réflexive,* Paris, J. Vrin, 1967, p. 44.

[2] Gottlob FREGE, *Ecrits logiques et philosophiques*, trad. franç., par Claude Imbert, Paris, Seuil, coll. « L'ordre philosophique », 1971, p.170.

[3] Gottlob FREGE, *Idéographie,* trad. franç., par Corine Besson, Paris, Vrin, 1999, p.6.

[4] Rudolf CARNAP, *testabilité et signification*, Paris, Vrin, 2015, p. 7.

[5] Gottlob FREGE, *Idéographie, op. cit*., p. 6.

[6] L'on a l'habitude de dire que logique aristotélicienne qu'elle est essentiellement formelle. Contre cette conception devenue obsolète au regard de l'évolution de recherches logiques postérieures à l'approche kantienne de la logique d'Aristote.

Ce réductionnisme gnoséologique déclenche un élan de logicisme dans la mesure où même la philosophie est redevable à la logique. La transversalité logique se dessine du fait de l'universalité qu'elle revendique par rapport à la philosophie qui devient un cas particulier au même titre que l'arithmétique[1]. En effet, le logicisme de Frege[2] est l'indice de « l'ancienne transdisciplinarité »[3]. L'idée relative à la logique comme fondement des fondements est universellement classique. Elle consiste en ceci qu'elle implique l'hypothèse qu'il n'y a pas d'autre commencement pour la philosophie, à moins de se rattacher aux idées floues et vagues relatives aux questions originelles et gnoséologiques.

Ainsi, l'intérêt épistémologique et philosophique du langage scientifique ou de cette annonce anticipée de la philosophie analytique c'est qu'elle sert d'orientation à l'innovation en philosophie. Frege[4] est de ceux qui ont innové en philosophie de façon déstabilisatrice, c'est-à-dire savoir pratiquer la philosophie au moyen de la logique qui lui sert de fondement absolu, de commencement ou de principe. Plus profondément, Frege vise à révéler que le fondement logique des sciences formelles, par principe, ignore les frontières entre les sciences. Il libère l'arithmétique et la philosophie de l'entreprise immédiate de la conscience qui se révèle métaphysique et psychologique. Le fondement logique des sciences visé par Frege[5], ne vaut pas uniquement pour les sciences formelles mais aussi pour toute discipline scientifique capable de raisonner. Pareil fondement est le seul véritable lien entre l'universel et le particulier.

---

[1] Gottlob FREGE, *Les fondements de l'arithmétique. Recherche logico-mathématique sur le concept de nombre*, trad. franç., par Claude Imbert, Paris, Seuil, coll. « L'ordre philosophique », 1969, p. 115.

[2] Gottlob FREGE, *Ecrits posthumes*, trad. franç., par Philippe de Rouilhan, et Claudine Tiercelin, Paris, Editions Jacqueline Chambon, coll. « Rayon Philo », 1994, p. 221.

[3] Edgar MORIN, *Science avec conscience, op. cit.*, p. 124.

[4] Jacques BOUVERESSE, « Le platonisme de Frege est-il une erreur de lecture des interprètes contemporains ? », *Dire et ne rien dire. L'illogisme, l'impossibilité et le non-sens*, Paris, Jacqueline Chambon, coll. « Rayon-Philo », 2002, p. 47.

[5] Mamadou DJIBO, *Des projets fondationnels de Husserl et de Frege à la perspective de Wittgenstein*, Paris, L'Harmattan coll. « Ouverture philosophique », 2012, p. 101.

Tel est le rôle régulateur, c'est-à-dire médiateur et non directeur de la logique entre les sciences. C'est là où le logicisme de Frege[1] s'éloigne en quelque sorte de son positivisme. Mais, à notre humble avis, ce dernier ne sort pas de la logique classique. La logique est la seule science qui assigne un champ théorique de compétence et d'application, qui se veut essentiellement universel, aux autres sciences : qui plus est, celles-ci, surtout les sciences positives, se désignent toujours un objet particulier, localisable à la fois dans l'espace et dans le temps, même si, par ailleurs, chacune d'elles l'aborde à travers une démarche universellement identique grâce à laquelle la logique se distingue des autres. Morin confère plutôt à la logique le rôle d'un métalangage : « *Remarquons, toutefois, que la connaissance de la connaissance ne peut que demeurer à l'intérieur du langage, de la pensée, de la conscience. Elle ne saurait prétendre élaborer, ni un véritable métalangage (les langages formalisés, (...) ne pouvant constituer un métalangage par rapport à notre langage), ni une méta-pensée, ni une méta-conscience. Mais l'aptitude de la connaissance à se traiter comme objet et l'aptitude de l'esprit à se considérer lui-même permettant d'instaurer un système de méta-points de vue sur la connaissance* »[2].

Donc, l'universalité de la portée du fondement logique des sciences ne serait pas en soi un handicap si elle ne se retrouvait pas confrontée à l'action philosophique et mathématique et tant aux lois naturelles. Aucune démarche scientifique, aucune proposition ne mérite d'être louée tant qu'elle n'est pas subordonnée à ce fondement suprême qu'est la logique. Tel est le sens épistémologique des lois pour la pensée complexe. Travaillant à une sorte de reconstruction artificielle du naturel dont le souci toujours exigeant de formalisme s'accompagne, par compensation, d'un désintérêt assez marqué à l'égard des démarches de la pensée, de notre manière naturelle ou empirique de montrer et d'argumenter comme c'est le cas de la logique chez Aristote, la logique et les mathématiques se prêtent mutuellement des idées à exprimer comme étant essentiellement d'ordre mathématique et logique.

---

[1] Auguste NSONSISSA, *Pensée et composition des pensées chez Frege,* Paris, Dianoia, coll. « Fondements de la Philosophie Contemporaine des Sciences », 2014, p. 45.

[2] Edgar MORIN, *La Méthode3, op. cit.*, p. 17.

Dès lors, Bertrand Russell[1] a eu des bonnes et saines raisons de mettre au défi quiconque, de marquer avec précision, clarté et distinction l'endroit où, dans l'exposé de son ouvrage de chevet *Principia mathématica*[2], finit la logique et commence la mathématique. Désormais : « *L'union entre logique et mathématique se fait encore plus intime puisqu'elle va, d'une certaine manière, jusqu'à la fusion complète* »[3]. Il était donc bien inexact de plaider, à leur propos, comme l'avaient fait, le font encore certains classiques, pour une coupure épistémologique. Rudolf Carnap dont les intuitions de départ se révèlent dogmatiques ne finira pas assouplir ses positions de façon à instaurer « le principe de tolérance » en logique et partant dans la science.

La perspective complexe va basculer donc vers ce qui est transdisciplinaire dans les sciences. Mais « quelle transdisciplinaire faire ? »[4] se demande Morin. Elle n'a pas toujours été au cœur des sujets de préoccupations épistémologiques de la science classique. Par contre, la réduction s'y est révélée réelle lorsqu'il s'est agi de ramener le biologique au physique, l'humain au biologique. Pareille simplification méthodologique s'est vue appuyée par un développement de la spécialisation qui divise à l'infini l'espace scientifique pour mieux l'occuper. Sans doute, en raison de la nostalgie de l'image sécurisante d'une science unitaire non sans exclure les dimensions culturelles, éthiques et morales, esthétiques et humanistes qui la soutiennent. Il n'est guère douteux qu'« *une telle connaissance fondait nécessairement sa rigueur et son opérationnalité sur la mesure et le calcul ; mais, de plus en plus, la mathématisation et la formalisation ont désintégré les êtres et les existants pour se considérer comme seules réalités que les formules et les équations gouvernent les entités quantifiées* »[5]. La dimension subjective qui est non moins importante dans la conception scientifique se trouve être effectivement mutilée par la simplification méthodologique en

---

[1] Bertrand RUSSELL, *Signification et vérité*, trad. de l'anglais par Philippe Devaux, Paris, Flammarion, coll. « Champs », 1969, p. 76.

[2] Alexandre GUEYE, (dir.), *Autour des Principia Mathematica de Russell et Whitehead*, Dijon, EUD, coll. « Histoire et philosophie des sciences », 2012, p. 122.

[3] Edgar MORIN, *op. cit.*, p. 46.

[4] Edgar MORIN, *Science avec conscience, op. cit.*

[5] *Ibid.* p. 124.

contexte de sciences classique. Ce faisant, en dissociant les savoirs et en séparant les domaines de la pensée et de la vie humaine, notre humanisme s'est isolé de la science au moment même où celle-ci accomplissait d'énormes progrès.

Dans ce sens, c'est l'approche bachelardienne du progrès de la connaissance qui est réévaluée d'autant plus qu'il y a au centre de cette perspective non classique « la connaissance approchée »[1]. Dans la même veine, c'est-à-dire entre « continuité épistémologique et vérification progressive »[2] Morin examine la complexité dans les sciences formelles, empirico-formelles, à partir de la crise des fondements de la connaissance. Ces sciences ont été exposées à un obscurantisme scientifique. Il tendait vers « *l'intelligence aveugle qui détruit les ensembles et les totalités, elle isole tous ses objets de leur environnement. Elle ne peut concevoir le lien inséparable entre l'observateur et la chose observée. Les réalités-clés sont désintégrées. Elles passent entre les fentes qui séparent les disciplines. Les disciplines des sciences humaines n'ont plus besoin de la notion d'homme. Et les pédants aveugles en concluent que l'homme n'a pas d'existence, sinon illusoire* »[3]. L'approche devient alors monologique. Elle consiste à dire que les sciences humaines ne prennent pas conscience des caractères physiques, et biologiques des phénomènes humains.

Or il est question que l'approche devienne dialogique des sciences. Partant de la thèse de Rabelais selon laquelle « *science sans conscience n'est que ruine de l'âme* » Morin a estimé que la science classique, dans son positivisme, serait quelque peu privée de réflexion philosophique si jamais elle n'en venait qu'à se cantonner dans la pratique purement scientifique et technocratique, sacrifiant ainsi la part morale qui devrait gouverner l'orientation pratique des théories à appliquer. Voilà pourquoi, quand la « mutilation » de la raison tranche dans les chairs, verse dans le sang, répand la souffrance, elle devient cruelle dans les phénomènes humains. Ainsi, tenter d'y remédier en termes de perspective non classique, Morin en vient à plaider pour un

---

[1] Gaston BACHELARD, *Essai sur la connaissance approchée*, Paris, Vrin, coll. « Bibliothèque des textes philosophiques », 1981, p. 258.
[2] *Ibid.*
[3] *Ibid.*

renouveau paradigmatique. Il affirme que « *le nouveau paradigme (...) demande une restructuration de la configuration générale du savoir. Il s'agit bien plus que d'établir des relations diplomatiques et commerciales entre les disciplines ou chacune se confirme dans sa souveraineté. Il s'agit de mettre en question le principe de disciplines découpent du hachoir l'objet, lequel est constitué essentiellement par des interrelations, les interactions, les interférences, les complémentarités, les oppositions entre les éléments constitutifs dont chacun est prisonnier d'une discipline particulière* »[1]. S'éclaire ainsi une autre entreprise en perspective celle de la deuxième « boucle épistémologique »[2].

Faire en sorte que les sciences ne puissent plus manquer de conscience morale *a priori*, *vice versa,* revient ainsi à s'attacher à cette « boucle » spirale pour ainsi dire. Elle nous apprend à s'engager dans la construction des nouvelles voies interdisciplinaires et transdisciplinaires à partir desquelles il sera possible d'atteindre des expériences théoriques utiles pour les sciences de la culture et de la nature. De plus, il s'agira d'explorer des voies complexes susceptibles de surmonter les dichotomies entre sciences de la nature et sciences de la culture, entre les conceptions idéalistes et naturalistes. Penser ainsi, c'est renvoyer à un autre type de médiation épistémologique qui s'efforce de construire dialogiquement science et conscience écologique posant ainsi le problème de la relation complexe entre l'humanité et la nature vivante. Ce « contrat naturel » pour reprendre l'expression de Michel Serres ne fait que traduire sous la forme d'un contrat actuel un nouveau de corrélation des sciences. Dans le deuxième tome de la méthode, Morin constate : « *Il est frappant que les développements actuels de la science écologique soient inséparables du surgissement d'une « conscience écologique ». Non que la science produise cette conscience. Mais l'écologie-science*

---

[1] Edgar MORIN, *Le paradigme perdu, la nature humaine, op. cit.*, p.229.

[2] Cette idée rend compte du noyau rationnel de l'épistémologie de la complexité de Morin dont l'âme nourricière n'est rien moins que la connaissance de la connaissance : « Nous sommes dans une époque qui a besoin d'un changement de paradigme et cela arrive assez rarement dans l'histoire. Il s'agirait de substituer la distinction à la disjonction, la reliance à la réduction : il faut distinguer et, en même temps, relier. C'est le paradigme de complexité ». Cf. Edgar Morin communication privée, Paris, le 15 mars 2019.

nourrit l'écologie-conscience de ses inquiétudes et exigences. La conscience écologique n'est pas seulement la prise de conscience de la dégradation de la nature. C'est la prise de conscience, dans le sillage de la science écologique, du caractère même de notre relation à la nature vivante »[1]. A ce stade, le constat est justifié par le souci écologique visant d'écologiser l'homme sous l'angle éthique. On peut être amené à partager le point de vue défendu par Rabelais selon lequel « *science sans conscience n'est que ruine de l'âme* »[2]. C'est à la lumière de cette approche éthique de la science qu'il paraît opportun de comprendre le double rejet par Morin de l'ancienne transdisciplinarité et de l'approche préscientifique de l'interdisciplinarité.

Cela dit, il les renvoie dos à dos dans la mesure où il lui semble que, malgré leurs présupposés éthiques, ils en arrivent tous les deux à vider finalement la science de sa substance transdisciplinaire nouvelle. Pour ce faire, son objection est de nature à relativiser le point de vie de Rabelais en ces termes : « *Science avec conscience. Le mot conscience a ici deux sens. Le premier a été formulé par Rabelais dans son précepte : « science sans conscience n'est que ruine de l'âme ». La conscience dont il parle est, bien sûr, la conscience morale. Le précepte rabelaisien est préscientifique, puisque la science moderne n'a pu se développer qu'en se délivrant de tout jugement de valeur, n'obéissant qu'à une seule éthique, celle de la* connaissance »[3]. De Rabelais à Morin on voit comment les recherches épistémologiques consacrées aux sciences de la culture, de la nature, de la vie et à la philosophie, se comprennent comme une contribution majeure de type éthique à la découverte des voies nouvelles qui mènent vers la refondation de la pratique et de l'enseignement de la science et de la philosophie. Plus qu'une simple analyse articulatoire de la science et de la philosophie, la complexité épistémologique nous fait dire que la science a besoin d'éthique et l'éthique a aussi besoin de la science. Mais au-delà, c'est l'unité dans la diversité de la science qui prend du relief.

---

[1] Edgar MORIN, *La méthode 2, op. cit.*, p. 91.
[2] RABELAIS cité par Edgar Morin dans *Science avec conscience, op. cit.*
[3] Edgar MORIN, *Science avec conscience, op. cit.*, p. 10.

Par contre, en postulant qu'il n'y a de rationalité que scientifique, et investi, dans son application technique, le scientisme revient soit à réduire l'éthique à une dimension essentiellement technique voire technologique, en en faisant donc une affaire de spécialistes et d'experts, soit à exclure radicalement l'éthique du champ de la rationalité. « *Pareille perspective devient péri scientifique, dans le sens où de multiples et prodigieux pouvoirs de manipulations et de destructions, nés des technosciences contemporaines, posent désormais au scientifique, au citoyen et à l'humanité entière le problème du contrôle éthique et politique de l'activité scientifique* »[1]. Ces arguments morinéens aux accents non classiques de la science visant la complexité nous font dire qu'une rationalité escamotée serait incapable de s'élever à la dimension autoréflexive de la conscience. Christian Magnan, particulièrement évoquerait non sans raison, en ce sens, l'idée d'une « science pervertie »[2] ou l'échec de la science contemporaine.

Pour dépasser cette perversion éthique de la science, il serait question de la relation entre la science et l'éthique qui est aussi originaire que fondamentale dans l'articulation des sciences. Morin l'examine en termes de rapports d'application et de constitution épistémologique des sciences. Il évoque l'application de l'éthique à la science sans négliger la ligne de démarcation entre les deux domaines faits par la philosophie. Ce type de rapport est complexe en ce qu'il rend possible l'articulation entre les sciences et l'éthique de la science. Il faut entendre par application ce qui est posé sur ou contre. Elle implique aussi la dualité des objets, c'est-à-dire ce qui est appliqué et qui se veut différent de sujet sur lequel on applique les données scientifiques. Morin dépasse le cadre technique de la notion commune d'application de l'éthique à la science face aux défis de la société. Il pense que les sciences ne sont pas, pour l'éthique, un simple outil qu'on utilise quand on en a besoin, ni même un instrument. Car les sciences posent à l'éthique des problèmes : elles leur en ont toujours posé. Morin le constate si bien. Sous l'application des sciences à

---

[1] *Ibid.*

[2] Christian MAGNAN déclare bien que « pervertie, la science finit par dériver vers un spiritualisme malsain propre à créer la confusion entre physique des astres et métaphysique ». Cf. *La science pervertie*, Paris, L'Harmattan, coll. « Epistémologie et Philosophie des Sciences », 2005, p. 31.

l'éthique se dissimule donc un autre rapport inverse : celui par lequel les sciences sont obligées de penser pour répondre à la démarche de l'éthique, des problèmes qui peuvent être soit de science appliquée, soit de science pure. Tout se passe comme si les sciences rendaient à l'éthique, sous forme élaborée, ce qu'elles ont reçu d'elle : l'éthique[1] scientifique.

De plus, il existe dans l'horizon épistémologique de la complexité un rapport de constitution entre science et éthique. La science n'étant pas seulement un domaine, une méthode, un langage, un outil à l'égard de l'éthique, mais partie prenante à l'existence de l'éthique, à sa constitution. C'est pourquoi, la dialogique entre la science et l'éthique révèle un rapport de constitution dans la mesure où la science intervient dans la pratique d'un autre type de savoir qu'est l'éthique. A ce point, on constate chez Morin le fait que science et éthique cessent d'être simplement des disciplines voisines, sur des frontières autrefois considérées comme définitives. De ce nouveau rapport de complexité scientifique et éthique, naît aussi une discipline inédite qui s'appellerait l'éthique scientifique. Il est essentiel que « l'éthique de la connaissance et l'éthique de la responsabilité » se donnent à nous comme étant des pistes n'ayant « pas de solutions, des voies »[2]. En effet, la science éthique et l'éthique scientifique sont donc corrélées en fonction de « la responsabilité du chercher face à la société et à l'homme »[3]. L'éthique en question ou « les thèses sur l'éthique » que Morin essaie de formuler constituent une voie nouvelle qui est souvent le contrepoint du progrès de nouvelles branches internes aux disciplines classiques : ainsi pourrait-on dire que la biologie, par exemple, a retentit sur l'éthique et l'écologie ; conjointement aux progrès de la technologie. Elle a constitué à la naissance de la bioéthique au nom de la conscience morale.

Or, selon Morin, en effet, « *le second sens du mot conscience est intellectuel. Il s'agit de l'aptitude autoréflexive qui est la qualité clé de la conscience. La pensée scientifique est encore incapable de se*

[1] Soit dit en passant Morin a consacré le sixième tome de la méthode à l'éthique en vue d'instaurer autant que possible l'éthique complexe à parti de l'éthique de la reliance.

[2] Edgar MORIN, *Science avec conscience, op. cit.*

[3] *Ibid.*, p. 108.

penser elle-même, de penser sa propre ambivalence et sa propre aventure »[1]. Seule une telle « rationalité complexe », qui n'est ni « instrumentale » ni « stratégique », plutôt apte, aux yeux de Morin, à fonder la pratique éthique authentique et à justifier la préférence qui lui est accordée, notamment en définissant les procédures de la complexité et de ses implications éthiques, en partant des exigences de la « nouvelle transdisciplinarité »[2]. La nouveauté tient dans la question de l'élargissement de la connaissance vers le possible, le probable, la créativité et surtout le mystère du monde qui nous échappe toujours.

Ces échanges interdisciplinaires et transdisciplinaires tiennent lieu de rapports organiques constitués entre les différentes disciplines évoquées. La conception morinéenne de la rationalité scientifique instaure donc un principe dialogique des sciences. Celui-ci n'est pas à penser sur le modèle rabelaisien d'une interpellation externaliste de la science par la perspective transversale dont elle rend possible la matérialisation au niveau des communautés scientifiques qui se constituent au sein des Universités. Mais, on peut penser à la créativité d'une méthode de la complexité scientifique. Pour Morin « *la science doit renouer avec la réflexion philosophique, de même que la philosophie, dont les moulins tournent à vide faute de moudre les grains des connaissances empiriques, doit renouer avec les sciences. La science doit renouer avec la conscience politique et éthique (...) une science empirique privée de réflexion comme une philosophie purement spéculative sont insuffisantes, conscience sans science et science sans conscience sont radicalement mutilées et mutilantes* »[3]. Science et philosophie sont en connexion permanente.

Depuis l'Antiquité jusqu'à nos jours, malgré les nuances historiques, l'esprit scientifique ne fait que penser la dialogique des connaissances en termes de corrélation et de complémentarité des domaines de connaissance. C'est pourquoi, penser la science éthique ou l'éthique scientifique est un cas parmi d'autres d'articulation de

---

[1] *Ibid.*

[2] Edgar MORIN établit une nuance et de taille entre « ancienne » et « nouvelle » transdisciplinarité. Cette nuance hypothétique est de nature à révéler la continuité et la discontinuité épistémologique entre les deux paradigmes représentatifs de la science

[3] Edgar MORIN, *Science avec conscience, op. cit.,* Préface, p.11.

sens éthique des sciences et non pas de juxtaposition des rationalités. Cet aspect interdisciplinaire aide à comprendre l'inventivité possible des nouveaux continents du savoir face à un réel qui n'a pas encore dit son dernier mot. Ce faisant, on n'a pas à se référer toujours aux rapports qui se constituent dans les échanges disciplinaires à caractère idéologique. Plutôt, il faut aller vers les nouvelles disciplines dont Morin discute les principes d'intelligibilité sur fond du paradigme de la complexité. Ceux-ci ne sont donc seulement le produit des tables rondes interdisciplinaires, mais aussi et surtout plus que cela. C'est-à-dire que le fruit des révolutions paradigmatiques au moyen de la reprise transformante des théories et la réinvention des savoirs sont l'ouvre des savants et aussi l'apport des « historiens des sciences » à l'instar de Thomas Kuhn et Alexandre Koyré.

C'est ce caractère complexifiant qui se donne à penser dans le terrain de jeu des médiations épistémologiques des disciplines. Chez Morin, la notion controversée de « science éthique » indique non seulement une solution à envisager, mais aussi et surtout une voie, c'est-à-dire le fait de son intériorité relative à la société. Dans ce sens, l'éthique et l'intersubjectivité s'articulent, à notre entendement, comme dédale et piste pour une nouvelle approche trans-éthique des sciences en devenir. Au vrai, une telle conception, quoiqu'on l'ait parfois reproché, à tort à Morin, ne procède pas d'une épistémologie externaliste des sciences. Celle-ci donnerait lieu à une intervention inappropriée du philosophe dans un domaine dont il ne maîtriserait ni l'histoire des sciences, ni les contours épistémologiques.

C'est de l'extérieur qu'il se proposerait d'interpeller la conscience du scientifique. Selon Charles Zacharie Bowao :« *On comprend bien qu'une telle approche soit d'autant plus insuffisante qu'elle ne pouvait aider à saisir les situations déconcertantes de « crise » ou de « révolution », liées aux fondements même des savoirs (...) la critique de la science devient inséparable de la production des connaissances scientifiques, mais dans un domaine réservé au spécialiste. Exclusivement (...), la capacité de généralisation philosophique et méthodo-logique devient manifeste. Et l'on passe ainsi de la « science sans conscience » à la « science avec conscience »*[1]. Loin d'être un simple glissement conceptuel, le mouvement épistémologique qui part de Rabelais à Morin constitue un véritable tournant dans l'éthique de la science. Ce qui est en jeu, c'est le sens du débat contemporain qui s'instaure autour de l'interdisciplinarité comme première étape conduisant inéluctablement à la nouvelle transdisciplinarité.

Dans le fond, les problèmes fondamentaux qui se posent au cœur des théories scientifiques à l'exemple de la théorie de la relativité, de la théorie ondulatoire, de la théorie corpusculaire sont couplées à la construction des idées sous-jacentes à ces problèmes. En fait, ceux-ci sont partageables, car ils ne doivent pas être réservés aux seuls savants. D'ailleurs, des scientifiques contemporains comme Ilya Prigogine, Hubert Reeves, Bernard d'Espagnat, Jean-Marc Lévy-Leblond, François Jacob, essaient de nous faire partager leurs connaissances et jouent aussi le rôle d'humanistes. En effet, au-delà du précepte rabelaisien, il y a, en l'état actuel, insuffisance de la philosophie seule et insuffisance de la science seule pour établir la connaissance scientifique. Si l'activité philosophique procure la réflexivité nécessaire pour considérer la science, alors l'activité scientifique permet d'alimenter la philosophie en savoir.

Alors, science et philosophie pourraient apparaître en dialogue comme deux visages différents et complémentaires du même, c'est-à-dire la pensée. Rabelais ne l'avait pas vu en ce sens. Par contre, Morin n'a pas aussi suffisamment éclairé l'aspect lié au lien qui s'instaure entre les savoirs mis en relation par la fonction technique ou symbolique de la logique. L'épistémologie de la complexité de Morin nous semble pouvoir permettre de formuler les exigences régulatrices de la science qui ne sont plus seulement celles qui devraient fonder et orienter l'approche interdisciplinaire, mais aussi et surtout celles défendues fondamentalement par les complexologues, et ce, comme possibilité d'une perspective transdisciplinaire tenant compte de l'indice d'interdisciplinarité : « *C'est pourquoi, à mon avis, les points de vue interdisciplinaires sont radicalement insuffisants, car ils ne font que juxtaposer non pas des pièces de puzzle en une figure*

[1] Charles Zacharie BOWAO, « Sciences sociales et paradigme de la complexité », *Communication à la 9e assemblée générale du Codestria,* Dakar, 14-18 Décembre, 1998, p.6.

d'ensemble, mais des entités aussi hétérogènes que les Etats aux Nations Unies, et, de fait, il ne peut y avoir entre disciplines que des accords diplomatiques et d'échanges, et à la condition de respecter scrupuleusement le territoire du partenaire, c'est-à-dire justement ce qu'il ne faut pas respecter »[1]. Cette approche nous semble ouvrir tout naturellement à la réflexion sur l'entreprise en perspective. Il ne s'agit pas d'une simple éthique de la réciprocité entre les savoirs, mais celle qui s'efforcerait d'élaborer ni méta-science, ni méta-philosophie, plutôt qui lutterait contre toute philosophie exsangue de même contre toute « science sans conscience ». Car la « science avec conscience » en dépend.

Parvenu à ce niveau d'analyse, Morin[2] soulève la problématique de la rationalité technoscientifique et du pouvoir de la raison ainsi que celle de sa prétention à dominer le monde qui vient. La question est de savoir si la raison est pure de toute violence. La rationalisation technicienne apparaît comme une violence. En effet, s'inspirant de la thèse heideggérienne de l'arraisonnement, il constate que la science moderne travaille à l'autodestruction de la raison. La folie de la raison prend des figures : la violence, la manipulation, le rendement, la rentabilité, l'efficacité. Les travaux de l'Ecole de Francfort ont aidé Morin à dénoncer la raison instrumentale devenue « maîtresse », selon la formule de Marcuse.

Morin évoque la conception unidimensionnelle de cette rationalité instrumentale. Elle est l'expression réifiée de la dictature et du totalitarisme. Influencé par Horkheimer et Adorno, Morin pense que la raison close dont la modernité sonne le glas se comporte à l'égard des choses comme un dictateur à l'égard des hommes. Pareille raison manipule les hommes comme on essaie de manipuler les objets. C'est pourquoi la rationalité instrumentaliste devient « politique », au sens où elle favorise et participe à la domination. De concert avec les membres de l'Ecole de Francfort, Morin reproche à la raison devenue totalitaire de dévoyer les idéaux d'émancipation des Lumières. Cette systématisation de la raison est à l'origine de l'une des crises de métarécits de libération.

---

[1] Edgar MORIN, *L'unité de l'homme, 3. Pour une anthropologie fondamentale,* Paris, Seuil, 1974, p. 15.

[2] Edgar MORIN, *Mon chemin*, Paris, Fayard, coll. « Points », 2008, p.43.

C'est donc l'idée d'une rationalité neutre ou pure de toute violence qui se trouve mise en cause. L'irrationnel s'est emparé du rationnel. Se déchaînant, devenu maître et guide de la raison, l'irrationnel agit de façon occulte. Autrement dit, la violence est d'abord la propriété du positivisme, comme le souligne Edmund Husserl dans *La crise des sciences européennes et la phénoménologie transcendantale.* Cet ouvrage fait office de testament spirituel d'Husserl. Le philosophe rédige, en effet, cet écrit à la veille du bouleversement de la seconde Guerre Mondiale. Depuis plus de deux ans, les nazis gouvernent l'Allemagne. L'Europe glisse alors dans la barbarie. On le voit, sa méditation consacre la crise des sciences comme expression de la crise radicale de la raison, de la vie dans l'humanité européenne. Pour Husserl, la science, depuis Galilée, a oublié le monde des valeurs. Du coup, le concept positiviste de la science a exclu tous les problèmes de la raison.

S'ouvre alors la piste qui conduit à l'instauration de la « nouvelle science » dont le chemin se fait en cheminant. Morin tente ainsi de dégager l'intelligence de ses perspectives autour de la « méta-science ». Il conclut : « *Enfin, et surtout, ce que nous avons voulu et cru trouver, c'est le lieu charnière pour les recherches fondamentales. C'est un ensemble théorique/ méthodo-logique/ épistémologique à la fois cohérent et ouvert. Nous le croyons beaucoup plus cohérent que toutes les autres théories qui s'étendent sur un domaine aussi vaste mais sont réduites à répéter inlassablement leurs généralités. Nous le croyons plus vaste et plus ouvert que toutes les autres théories ouvertes (qui sombrent dans l'éclectisme, faute de colonne vertébrale). On va tenter ici un discours multidimensionnel non totalitaire, théorique mais non doctrinal (la doctrine c'est la théorie fermée, autosuffisante, donc insuffisante), ouvert sur l'incertitude et le dépassement ; non idéal/idéaliste, sachant que la chose ne sera jamais totalement enfermée, dans le concept le monde jamais emprisonné dans le discours. Telle est l'idée de la* « *scienza nuova* »[1].

Malheureusement, ce projet reste à notre humble avis inachevé. Il est porteur d'un échec probable. Pour cause, le principe, plus ou moins significatif, de l'autonomie/dépendance ne permet pas à Morin de

[1] Edgar MORIN, *Introduction à la pensée complexe, op. cit.*, p. 68.

réaliser un tel projet. Chaque science se dote d'une capacité autocréatrice qui ferait d'elle un domaine relativement ouvert. La conséquence ultime d'une telle marge d'incertitude, c'est la crise de l'universalisme, faute de n'avoir pas considérée la science logique comme un savoir médiateur. En matière de transdisciplinarité, le rôle médiateur de la logique est sollicité.

Pourtant, Morin plaide pour la « scienza nuova »[1]. On ne saurait effectivement dégager l'enjeu épistémologique que dévoile la « scienza nuova » sans supposer préalablement une présentation résumée de ce concept inédit, puis l'éclaircissement de l'approche logique de la pensée mise en exergue. Pour ce qui est de l'origine du concept, Morin écrit : « *Ce terme, que nous empruntons à Vico, dans un contexte et un texte différent, veut indiquer une transformation, un enrichissement du concept actuel de science, qui comme l'avait dit Bronowski, n'est « ni absolu, ni éternel ». Il s'agit d'une transformation multidimensionnelle de ce que nous entendons par science, concernant ce qui semblait constituer certains de ses impératifs intangibles, à commencer par l'inéluctabilité de la parcellarisation disciplinaire et du morcellement théorique* »[2]. C'est à Vico que l'on doit l'invention et l'explication de cette notion de Nouvelle Science. Elle vient renouveler la pratique scientifique non classique.

Toutefois, Morin y ajoute un élément capital : « l'intégration des réalités expulsées par la science classique ». En d'autres termes, la Nouvelle Science à laquelle nous devons accéder fonctionne comme une tentative qui se propose d'intégrer l'accident, l'événement, l'aléa, l'individuel que la science classique avait rejeté. Le rapport d'exclusion entre les sciences, à l'instar de la perspective cartésienne, a conduit à la mutilation de la science qui devient incapable de se penser elle-même. Créer la ''Nouvelle Science'' revient à opérer une nouvelle jonction entre les sciences qui n'est pas synonyme de réduction. C'est la communication en circuit sur la base d'une pensée complexe. Elle travaille à la ''reparadigmatisation''. Pour ce faire, « *il nous faut donc, pour promouvoir une nouvelle transdisciplinarité, un paradigme qui, certes, permette de distinguer, séparer, opposer, donc*

---

[1] *Ibid.*
[2] *Id.*

disjoindre relativement ces domaines scientifiques, mais qui puisse les faire communiquer sans opérer la réduction (...) Dès lors, vous créez la possibilité de communications entre sciences, et la science disciplinaire est la science qui pourra se développer à partir de ces communications, étant donné que l'anthropo-social renvoie au biologique, qui renvoie au physique, qui renvoie à l'anthropo-social »[1].

En fait, l'expression *Scienza Nuova* s'identifie à la méta-science que Morin entend promouvoir. Elle est à construire suivant les conduits de formation de ce circuit que dévoile la première et la seconde boucle épistémologique. Cette nouvelle science à caractère transdisciplinaire émergera du passage allant de l'interdisciplinarité et à la pluridisciplinarité. Pareille combinaison tend à instaurer une science nouvelle qui s'efforcerait de mettre en cycle pédagogique ces sphères dont la science classique a cru utile de rendre non communicantes. Il s'agit de mettre au gout du jour la nouvelle approche transdisciplinaire de la connaissance scientifique, et ce, par opposition à l'ancienne approche transdisciplinaire pour autant qu'elle renvoie, ou essaie de s'auto-constituer avec l'aide des concepts cybernétiques, systémiques, mais en les critiquant et en essayant d'aller au-delà des principes dichotomiques. Cela est de l'ordre de la méta-méta-science ; non sans prendre la mesure la plus sensible de l'effondrement du paradigme positiviste ou disjonctif, et partant réductionniste de la science.

Là serait le résultat ultime auquel Morin aimerait aboutir, c'est-à-dire former une nouvelle représentation du savoir et de la rationalité qui soit plus conforme aux derniers progrès de la science en quête de complexité. Ces progrès font également enraciner la connaissance physique dans biologique, et cela, dans une culture, une société, une histoire, une humanité. Si nous considérons, en revanche, la façon dont les différents savoirs sont imbriqués et emboîtés entre eux, et si nous prenons en compte l'hyper-complexité de la connaissance humaine qui met en relation dialogique des domaines du savoir que rien ne rapprochait auparavant, comme la dimension éthique de la science, celle que nous prenons pour un véritable champ de

---

[1] Edgar MORIN, *Science avec conscience, op. cit.*, p. 127-128.

l'évaluation et celui de la théorie pure, alors on est conduit à tirer quelques conséquences devenues très manifestes dans l'activité scientifique à l'heure actuelle.

Il s'agit de prendre en compte des acquis que lui offre la logique contemporaine. Elle fait droit à la complexité de la connaissance scientifique justifiée par Morin dans les termes ci-après : « *En effet, nous devons partir de l'acquis négatif que nous ont apporté conjointement la logique de Tarski et le théorème de Gödel. Conformément à la logique de Tarski, un système sémantique ne peut s'expliquer totalement lui-même. Conformément au théorème de Gödel, un système formalisé complexe ne peut trouver en lui-même la preuve de sa validité. En bref, aucun système cognitif ne saurait se connaître exhaustivement ni se valider complètement à partir de ses propres instruments de connaissance. C'est dire que le renoncement à la complétude et à l'exhaustivité est une condition de la connaissance de la connaissance. Toutefois, la logique de Tarski comme le théorème de Gödel nous disent qu'il est éventuellement possible de remédier à l'insuffisance auto-cognitive d'un système en constituant un méta-système qui puisse l'embrasser et le considérer comme système-objet* »[1]. Le dialogue avec la contradiction reste ouvert. La *Scienza Nuova* est une véritable recherche qui se donne comme but de trouver non pas un principe unitaire de toutes connaissances, ce serait une nouvelle réduction, mais une unité complexe. Celle-ci n'engendre pas un concept-maître, abstrait. Cette unité complexe ne fait pas abstraction de la diversité du réel. Aussi s'efforce-t-elle de connaître et de reconnaître les béances, les incertitudes et les apories provoquées par le progrès infini des connaissances. La nouvelle transdisciplinarité tente de combler des béances, mais en ouvre d'autres, tente encore de résoudre des énigmes tout en révélant des mystères.

De plus, selon Morin, aujourd'hui, des apories juridiques, éthiques et culturelles surgissent de la pratique des généticiens. Ce faisant, l'exigence de penser la complexité comme détermination essentielle de la connaissance scientifique se fait jour. Il y a là une disparition d'une barrière infranchissable dont la science classique a vanté l'évidence entre le sujet et l'objet. De ce point de vue, la disposition

---

[1] Edgar MORIN, *La Méthode 3, op. cit.*, p. 17.

sujet/objet, telle qu'elle était postulée ne peut plus être maintenue, maintenant, à la faveur de la physique quantique qui autorise à repenser cette coupure absolue d'un point de vue inclusif. Logiquement au « ou bien/ou bien » se substitue à la fois un « ni/ni » et un « et/et ». Cette logique binaire n'est pas de nature complexe.

Par ailleurs, la démarche logique complexe est revendiquée par la mise en valeur des connecteurs logiques. Cela fait dire à Morin qu' « *enfin, la pensée humaine impose aux perceptions comme aux discours l'alternative logique permanente du vrai et du faux. C'est avec le langage qu'apparaît et fonctionne sans trêve le couperet logique inexorable de la négation, toujours prompt à éliminer les impertinentes analogies, et qui justement fait défaut au fonctionnement analogique de la pensée* »[1]. A cet effet, nous devons apprendre à penser dia-logiquement le théorique, l'éthique et l'esthétique en fonction de la complexité essentielle de leurs rapports. A dire vrai, il n'est pas question de les confondre tous sous une même approche combinatoire des ternes qui annulerait leurs spécificités. Morin a cru devoir envisager une méthodologie plus souple qui fasse leurs spécificités qui les unissent complexement.

Le tournant paradigmatique qui va pouvoir s'opérer avec la nouvelle transdisciplinarité trouve son fondement sur l'unité nouvelle, complexe de la science qui ne prend son sens qu'avec le retour des expulsés du XVIIe et XVIIIe siècles, qui réintègrent lentement, localement ou en catimini, les sciences. Autrement dit, la méta-science se veut être spécifique, en ce qu'elle reconnaît ce qui est toujours passé sous silence dans les théories en pleine élaboration.

« *Ainsi,* conclut Morin, *la Scienza Nuova ne détruit pas les alternatives classiques, elle n'apporte pas de solution moniste qui serait comme l'essence de la vérité. Mais les termes alternatifs deviennent des termes antagonistes, contradictoires, et en même temps complémentaires au sein d'une vision plus ample, laquelle, elle, va devoir rencontrer et affronter de nouvelles alternatives* »[2]. La perspective est transdisciplinaire, parce qu'elle est, paradoxalement, « in-disciplinaire » selon le mot de Morin. C'est le paradoxe logique

---

[1] Edgar MORIN, *La méthode 3, op. cit.*, p. 140.
[2] *Ibid.*

de la Nouvelle Science. Une telle théorie épistémologique de la complexité ne peut que s'accompagner d'une dialogique. Une telle conception est capable de saisir le rôle du désordre, de ''bruit'', de l'antagonisme, de l'attracteur étrange, de la concurrence dans les phénomènes organisationnels. Elle est une logique en même temps ouverte sur l'indétermination relative, sur une théorie des possibles sur l'autonomie[1].

Cette problématique est aussi complexe que vaste. Elle s'inscrit en droite ligne dans la perspective de la Nouvelle Science. L'autonomie fait partie intégrante des concepts fondamentaux au moyen desquels va pouvoir se déployer la *Scienza Nuova* en gestation dans le domaine physique et biologique des problèmes de l'organisation. Pour ce faire, nous partirons du paradoxe que subsume ici la notion d'autonomie au sein même de l'approche transdisciplinaire.

A ce niveau apparaît, à première vue, l'identification du paradoxe au non-sens, à une contradiction ou à un indécidable. Au nombre des propriétés logiques, on peut évoquer l'autonomie est considérée comme un principe régulateur dans l'espoir de constituer une Nouvelle Science, celle qui respecterait l'autonomie. Cela étant, Morin s'inspire de l'idée systémique d'émergence et l'idée cybernétique de « rétroaction ». Celles-ci permettent de concevoir, en même temps que l'organisation, l'autonomie d'une organisation. Nonobstant le caractère ouvert que Morin confère à la nouvelle transdisciplinarité, celui qui consiste à puiser à l'extérieur la matière-énergie dont chacune des sciences a besoin, on s'aperçoit qu'une science est capable de se déployer à partir des moyens conceptuels et logiques qu'elle se donne.

La science de l'autonomie se consommerait elle-même, supprimerait sa propre réalité inorganique. De ce point de vue, elle trouverait à se nourrir d'elle-même et s'organiserait en elle-même. Pareille autonomie apparaîtrait, non comme fondement, mais comme émergence organisationnelle rétroagissant sur les conditions et processus qui l'aurait fait émerger. Morin livre le sens profond de ce qu'il voudrait entreprendre en fondant non pas l'autonomie directrice mais une autonomie régulatrice de la Nouvelle Science. Telle est

---

[1] Edgar MORIN, *La méthode 2, op. cit.*, p. 104-105.

« l'autonomie de l'autonomie vivante » que Morin va nommer l'« autos » ou l'« autonomie fondamentale »[1]. Cette conception de l'autonomie a fait l'objet des plus importants développements dans l'ensemble de ses œuvres, notamment tous les six tomes de *La Méthode.* Mais, on ne peut faire l'économie de l'argumentation qui la soutient. C'est alors seulement, dit Morin, qu'on peut concevoir, à la fois, ''l'hétéronomie'' et ''l'autonomie de l'autonomie vivante'', ''la dépendance et l'indépendance de l'indépendance vivante''. Ici apparaît dès lors le point le plus crucial de la Nouvelle Science au travers de la nouvelle notion d'autonomie.

Une science ouverte est un domaine qui peut nourrir son autonomie, mais à travers la dépendance à l'égard d'un autre domaine scientifique. Morin explique : *« Ça veut dire que, contrairement à l'opposition simplifiante entre une autonomie sans dépendance, nous voyons que la notion d'autonomie ne peut être conçue qu'en relation avec l'idée de dépendance, et ce paradoxe fondamental est invisible à toutes les visions dissociatives pour qu'il y a autonomie absolue entre dépendance et indépendance. C'est cette pensée clé d'autonomie/dépendance que la réalité nous oblige à concevoir »*[2]. Edgar Morin justifie à nouveaux frais, le paradoxe logique de la Nouvelle Science.

Plus une science développera sa complexité, plus elle pourra développer son autonomie, plus elle aura des dépendances multiples Toute vie scientifique autonome est un tissu de dépendances raisonnables. C'est dire donc que, si ce dont nous dépendons nous manque, nous nous enlisons dans une espèce de bureaucratie scientifique dont le paradigme de simplification constitue la référence ultime. Autrement dit, le concept d'autonomie se veut être « un concept non substantiel, mais relatif et relationnel ». Morin pense qu'on ne peut pas concevoir l'autonomie sans dépendance ni de dépendance sans autonomie relative. Toute indépendance est donc relative ; pareille relativité traduit le sens de l'ouverture qu'implique la complexité dialogique qui fait droit à l'autonomie malgré la dépendance. Ce principe d'autonomie/dépendance est fondamental parce qu'il dispose que rien n'est absolument indépendant. « *Double*

[1] Ibid., p. 99.

[2] Edgar MORIN, *Science avec conscience, op. cit.*, p. 260.

conscience, précise Morin, *parce qu'on est obligé de lier des notions contradictoires (...) Contradiction certes, mais tous les grands problèmes portent en eux des contradictions fondamentales qu'une pensée complexe permet d'intégrer* »[1]. Il ne s'agit donc pas de voir dans la Nouvelle Science une quête de l'autonomie absolue, mais un lieu où émerge l'idée de ''l'auto-organisation''. Là où chaque domaine scientifique ne cesse de se produire, se réguler à partir de ses propres processus internes. A ce niveau, il produit sa propre autonomie qui n'est pas absolue. Plus même, l'auto-organisation vivante est une organisation qui répare, se réorganise en reproduisant les concepts ou théories qui se dégradent et dégénèrent. C'est autant dire aussi que l'idée d'auto production ou d'auto organisation qui sous-tend la ''science de l'autonomie'' n'exclut pas la dépendance à l'égard du monde extérieur ; au contraire, elle l'implique. Dans ce sens, l'auto organisation est en fait une ''auto-éco-organisation''.

Mais en prenant conscience de l'ouverture à laquelle Morin nous rend sensibles, nous constatons que la *Scienza Nuova* tend vers le méta-point de vue. Celui-ci se réalise lorsque l'observateur s'intègre dans l'observation et la conception. La « nouvelle science » plaide en faveur de l'intégration du connaissant dans sa connaissance. Morin tire la conséquence ci-après : « *Alors, une telle science qui permettrait de reconnaître et d'aider les aspirations individuelles, collectives, éthiques à l'autonomie et à la liberté. Alors, la réponse que la science donne à la question sociale ne sera pas manipulation, mais contribution aux aspirations profondes de l'humanité* »[2]. Une telle vision nous place au cœur de l'éthique et conduit à un ''Universel sans totalité''. Aussi problématique que cela puisse paraître, le concept de totalité a déjà été au cœur des préoccupations éthiques des philosophes contemporains au nombre desquels on peut compter Levinas, Popper, Arendt. La réflexion de Lucien Goldmann relative à la question de la totalité s'inscrit déjà dans la pensée kantienne et dans la philosophie en général[3]. La critique du ''totalitarisme'' plaide pour une extension vers des perspectives de l'éthique universelle dévoilée par la notion de l'Universel sans totalité.

---

[1] Edgar MORIN, « Mystère et création », *op. cit.,* p. 82.

[2] Edgar MORIN, *op. cit.,* p. 268.

[3] Lucien GOLDMANN, *Introduction à la philosophie de Kant,* Chap. 2, Paris, Gallimard, 1967, p. 60-70.

Mais la transdisciplinarité est aussi étroitement liée à la complexité de la rationalité médicale. Du fait de son caractère ouvert et inachevé, ce projet peut s'appliquer à la médecine ; Morin ne s'en préoccupe pas directement. Pour lever cette équivoque, il faut donc sortir de ce cadre soit philosophique, soit sociologique de pensée et trouver d'autres paradigmes médicaux qui puissent élargir cette approche en compréhension. Le consentement est une attitude importante en médecine, par exemple. Parce qu'il permet de saisir la complexité dans la relation médecin-malade. Ce rapport s'explique au-delà de certaines situations historiques, juridiques ou philosophiques et opérationnelles. Il devient alors possible d'analyser des problèmes complexes, comme celui du consentement, selon une approche transdisciplinaire dans le domaine des sciences de la santé. Mais cette piste n'a pas été approfondie dans ce travail. Elle pourra faire l'objet d'un développement et d'une réflexion particulière ailleurs. En revanche, nous avons retenu que l'autonomie, dont le consentement est souvent présenté par Morin comme une des principales conditions de réalisation de la complexité sociologique, bénéficie de cette nouvelle orientation en médecine.

L'autonomie comme norme philosophique n'est pas seulement applicable dans le contexte socio-économique, historique ou juridique. Une relation médecin-malade basée sur cette même autonomie serait alors le reflet d'un système économique donné, actuellement rebaptisé « libéralisme » et les différentes jurisprudences sur le consentement, tendant à renforcer cette autonomie, permettraient en fait la pérennisation de ce cadre économique libéral individualiste dans lequel s'exerce aujourd'hui la médecine. Pour rendre encore une fois opérationnelle l'autonomie, il faut passer de réalité philosophique à un autre niveau de réalité non seulement quotidien, mais surtout biomédical. Autrement dit, la même approche transdisciplinaire peut être effectuée pour expliquer la faiblesse opérationnelle des normes philosophiques ou juridiques face à l'histoire. Le passage à un autre niveau de réalité médicale est nécessaire.

Ainsi, les sociologues américains ont montré, au début des années 80, comment la relation médecin-malade, dans laquelle s'inscrit le consentement, ne mettait pas en jeu deux individus, mais un système social plus vaste et complexe comportant des mécanismes d'éducation à la vie en société (socialisation) et d'apprentissages de normes de valeurs et de règles sociales transversales. D'autre part, ces sociologues ont mis l'accent sur les relations d'autorité et de pouvoir qui existent dans ce système social, impliquant nécessairement la relation médecin-malade.

La transdisciplinarité médicale se vérifie autour du concept de consentement : La relation devient transversale, quand un patient et un médecin qui partagent les mêmes valeurs, au sein d'une relation collégiale, auront effectivement une meilleure probabilité de s'entendre sur une thérapeutique, sur des explorations paracliniques, voire sur une expérimentation. Ce thème occulté par Morin est devenu actuel en médecine depuis Claude Bernard[1]. La thèse qu'il défend montre bien l'ouverture de la rationalité médicale à la physiologie, la pathologie et la thérapeutique. La complexité biomédicale intéresse aussi l'étiologie médicale, c'est-à-dire la recherche des causes soit des maladies, soit des morts. Les sciences biomédicales impliquent des approches éthiques à partir de la rationalité thérapeutique. Pareille éthique médicale qui s'entendrait comme impact de la morale sur l'organisme humain exigerait du médecin tout comme du malade un savoir, en savoir-faire, et en savoir ère.

Ce n'est donc pas une simple vue de l'esprit de voir émerger, avec des maladies transversales comme la grippe aviaire, l'entreprise rationnelle basée sur une recherche à caractère professionnalisant sur l'éthique médicale et hospitalière. Cette éthique porte sur la qualité de la vie. Elle consiste à accorder à l'homme non pas simplement son droit de l'homme, mais aussi le droit d'être homme. De ce point de vue, la qualité de la vie se traduit dans le fait du bien être dans le sens métajuridique, c'est-à-dire dans le sens existentiel et non dans le sens matériel. Celui-ci implique la qualité des communications avec autrui, et des participations affectives et affectueuses. Une médecine ne peut progresser en éthique que si elle progresse en solidarité.

Les formidables progrès de la santé, notamment dans la réduction de la mortalité infantile, comportent eux aussi leurs envers. L'hyperspécialisation médicale, le traitement des organes et non plus

---

[1] Claude BERNARD, *Principes de médecine expérimentale*, Paris, PUF, coll. « Bibliothèque de Philosophie Contemporaine », 1967, p.136.

des organismes, des organismes vivants et non plus des personnes, la dégradation du rôle du médecin généraliste, la bureaucratisation des services hospitaliers, le développement des maladies causées par les effets pervers des médicaments ou par la propagation des infections en milieu hospitalier, tout cela contribue de façon considérable aux dépenses de santé.

Or une réforme éthique véritable de la médecine participerait aux réformes interdépendantes. Il n'y a pas de médecine sans solidarité. A ce niveau d'analyse, les sciences de la santé retrouvent la philosophie par le biais de l'éthique. Cela dit, peut-on croire du reste à une crise générale de l'idée de progrès scientifique, alors que les sciences ne cessent de progresser dans tous les domaines, par exemple en biologie ? La question environnementale est évidemment cruciale pour l'avenir de l'humanité, comme celle de la démocratie et de la justice. Il nous est tout de même « permis d'espérer » que l'humanité pourra progresser dans ces domaines, même si nous ne pouvons plus avoir la confiance émouvante de Condorcet, dans notre possibilité de prévoir cet avenir que nous ne croyons plus inéluctable.

Finalement, rigueur, ouverture et tolérance épistémologique sont les caractéristiques fondamentalement justifiées de la posture et de la nouvelle vision transdisciplinaire qu'il nous faut conquérir. Car si la logique ne peut fonder la raison c'est que la vraie rationalité complexe reconnaît ses propres limites internes et externes et se veut capable de les traiter humblement suivant un méta-point de vue, donc de les dépasser d'une certaine manière tout prenant conscience du fait que par-dessus tout se trouve un au-delà, c'est-à-dire un autre monde.

La tâche est sans doute complexe et exige une épistémologie de la complexité dont Morin continue de viser l'instauration. Cette dernière chercherait à surmonter les défis énormes et intimidants qui caractérisent la pensée et le vécu quotidien. Elle aurait pour visée principale la *réforme* de pensée sans laquelle l'humanité n'aura qu'elle-même à blâmer. La pensée complexe de Morin n'est pas une pensée qui chasse absolument la certitude pour mettre l'incertitude. Elle consiste plutôt en un aller-retour incessant entre le simple et le complexe, la certitude et l'incertitude, entre l'élémentaire et le global, entre le séparable et l'inséparable. Elle fait droit à la théorie des différentes formes de « multiplicités »[1] antiques et modernes. Elle est née de la complexité irréductible du « principe vital » de tout être vivant au lieu d'en élaborer un système achevé ou clos.

L'avenir de la science du complexe et le devenir des sciences se joue entre histoire des sciences et avenir des rationalités. C'est le grand défi de la raison[2] face à un monde qui se complexifie. Se trouve aussi mise en jeu « la puissance du rationnel » face à la fulgurante d'un monde qui déchire mais qui en appelle à la solidarité. Car nous sommes aux temps de la « mondialité »[3].

Ce concept communicationnel peut prêter à équivoque parce qu'il souvent confondu avec la mondialisation ou la globalisation. La différence entre les deux termes est aussi plausible que nette ; disqualifiant ainsi toute synonymie. Elle est de nature, tant du point que vue éthique que sémantique. Morin utilise le terme « mondialité » comme nouvelle culture des sciences et des techniques en émergence. En quête sur les nouveaux fondements éthiques de la science, il s'attache à son acception anthropo-éthique, et anthro-politique. On n'attendra donc pas de lui un essai de définition allant dans la sens où on dirait explicitement les caractéristiques fondamentales de la mondialité. Sa démarche n'est essentialiste pour ainsi dire.

En revanche, il emploie tout bonnement le concept transversal de mondialité à la lumière des termes voisins à savoir : « la mondialité en gestation ; Civilisation technique. » Son idée directrice est de voir la technique contribuer au développement spectaculaire et accéléré de la technique en faisant de telle sorte que l'unité du monde soit préservée. Et cela par-delà les systèmes économiques de type capitaliste et socialiste. Cette quête transnationale a pour enjeu de penser la technique au-delà de sa dimension strictement ontologique. La technique, dans ce sens, se doit de mettre en relation interdisciplinaire la science et l'économie d'une part, puis la philosophie naturelle et la biologie moderne[4], d'autre part. Elle aura servi de soubassement

---

[1] Jean Clet MARTIN, *Multiplicités*, Paris, Kîmé, 2018, p.56.
[2] Gilles Gaston GRANGER, *La raison*, Paris, P.U.F., 1955, p. 7.
[3] Edgar MORIN, *Introduction à une politique de l'homme*, Paris, Seuil, 1965, p. 74.
[4] Jacques MONOD, *Le hasard et la nécessité. Essai sur la philosophie naturelle et la biologie moderne*, Paris, Seuil, coll. « Essais », 1967, p.87.

architectonique au ferment industriel actif par rapport à l'émergence d'une politique de civilisation. Celle-ci devrait pouvoir constituer une nouvelle étape décisive que l'humanité est appelée à franchir. Ensuite, Morin considère la mondialité sous une autre figure : *« la mondialité en miette : la nation »*. En effet, la manifestation du progrès scientifique-technique peut être caractéristique de l'unité du monde.

Mais, ce développement tend à s'affirmer comme voie sur fond de paradoxe idéologique et politique de la marche mondiale. Le monde n'est pas aussi uni qu'on ne le croit. Il se donne à voir tantôt dans la balkanisation des Nations, tantôt vers l'unification des efforts internationaux. Cela fait dire à Morin qu'*« on peut, on doit concevoir une humanité qui se serait libérée des Etats, on ne peut pas concevoir une politique à moyenne période en dehors du système et du cadre des états nationaux, bien que cette politique doive se concevoir comme planétaire, c'est-à-dire, mondiale et internationale »*[1]. On le voit, la politique de civilisation a une portée tant mondiale qu'internationale.

A tout prendre, c'est le monde la science et les sciences qui sont tournées vers le chemin d'avenir, c'est-à-dire entre ce qui s'est passé, ce qui se passe et ce qui va se passer encore dont nous ignorons les contours. Dans cette perspective non classique, tout porte à croire qu'au-delà des sciences, des disciplines, se construit à l'horizon éthique une certaine volonté du vouloir « vivre-ensemble » dont il faut pouvoir dire la signification socio-politique à la croisé « d'une histoire du temps qui s'achève et d'une culture du temps qui s'annonce »[2]. Celle-ci, si restauratrice fût-elle, reste, et pourtant, encore un sujet à caution au cœur d'une Afrique encline aux ambivalences du futur.

---

[1] *Ibid.*

[2] Charles Zacharie BOWAO, *La mondialité, op. cit.*

Conclusion

Pour ne pas conclure, cet essai débouche sur « la dynamologie » qui se résume au « génie scientifique qui apporte des impulsions inattendues dans le cours du développement scientifique »[1]. Il y a un « simple » et un « complexe » scientifique dans l'histoire de la pensée philosophique. Encore faut-il préciser que le « simple » est dans le complexe. Et si le « complexe » et le « simple » ne sont pas en dialogique, alors le scientifique, en prenant parti de la simplification méthodologique, se mettrait en dehors de la cité scientifique.

Nous venons d'esquisser une théorie de la reliance des sciences dans l'axe paradigmatique de la complexité. Alain Berthoz affirme qu'« *une esquisse n'est pas un dessin fini, c'est l'expression d'une intention, un projet réduit à l'essentiel, imprécis et indécis, porteur de ses propres changements. C'est une question qui amorce sa réponse ; c'est une évocation libre* »[2]. Cela étant, d'aucuns seraient, sans doute, choqués par le début de cette réflexion dans la mesure où nous n'avons pas cru devoir aborder l'étude philosophique de la reliance des connaissances par la seule approche synchronique, pourtant, moins centrale chez Morin. D'autres penseraient que la recherche prospective devrait en fait prendre à bras le corps les créativités possibles des domaines scientifiques. Cependant, dans les six tomes de *La Méthode* auxquels nous avons eu recours il y a place pour la continuité épistémologique. Il y a donc un « relationnel » irrépressible et vivant qui sous-tend toute vie en société et en comités scientifiques. Par-delà les époques et les circonstances, cette attitude demeure. A d'autres la reliance est devenue le pivot des connexions disciplinaires à l'occasion desquelles s'organise toute dynamique de la recherche contemporaine. Cet esprit est en passe de prendre corps et de se reproduire dans les équipes de recherches et dans les sociétés savantes. D'où le sens du titre de cet ouvrage. Pour le comprendre, il importe de déchiffrer davantage les manifestations les plus insaisissables de la reliance des connaissances.

---

[1] Gaston BACHELARD, *Epistémologie, op. cit.*, p. 198.

[2] Alain BERTHOZ, *op. cit.*, p. 24.

On aura alors affiné l'acte épistémologique d'approcher les phénomènes de la nature et ceux qui sont jugés dans la société postmoderne. Il arrive effectivement que le rôle de la complexité comme médiation soit souvent jugé trop secondaire, voire même négligeable. Or il se révèle dans tous les secteurs et toutes les dimensions de notre vie sous la forme de passion, de communication, de publicité, de mariage, de consommation, de tension politique, de crise économique, de crise sanitaire, de crise spirituelle. Comment ne peut-on pas y croire car le lien social est désormais sociétal, parce que tissé dans les fibres du rationnel couplé à l'émotionnel, et de la sorte, presque sous nos yeux de l'esprit, continuent de s'ébaucher et de se construire autant que possible, par la complexité en vigueur, « une nouvelle manière d'être »[1].

Notre tâche effectivement ne s'est donc pas réduite à ressasser simplement la conception philosophique de complexité. Exposée par les penseurs contemporains, en France particulièrement, cette même complexité essentielle de la pensée tend vers d'autres continents du savoir. Elle émigre du côté de la phénoménologie comme ontologie. Ainsi, nous avons voulu seulement montrer la valeur des corrélations en science, quand bien même la science ne serait pas le seul lieu de domiciliation de la pensée complexe. Comme le soupçonneront entre ces lignes, les post-moriniens, c'est de la pensée épistémologique non classique qu'il s'est agi. Elle s'est adossée à la position de Morin et même au-delà, dans le débat contemporain sur la fin du positivisme et ses avatars. Cela devrait susciter davantage des interprétations controversées et problématiques de la science contemporaine relevant maintenant, par-delà de l'axe philosophique du langage scientifique que de l'éthique de la science. Alors, il y a maintenant place pour la neuro-philosophie à partir des auteurs comme Bernard Andrieu, etc.

Mais, au-delà de ces considérations purement épistémologiques, c'est surtout la philosophie historique des sciences, si équivoque soit-elle, qui a donné à se (re)penser ici, c'est-à-dire au cœur même du « monde qui vient ». La science du complexe ainsi envisagée et qui en découle, est néanmoins un paysage des instabilités et des ambivalences du futur à affronter. C'est à nos yeux de l'esprit qu'une

---

[1] Michel MAFESSOLI, *Aux creux des apparences. Pour une éthique de l'esthétique,* Paris, La Table Ronde, 2007, p. 45.

conquête de la maîtrise de son destin épistémologique est rendue possible, et ce, pour des raisons philosophiques, éthiques, esthétiques et écologiques de la recherche.

La plus plausible, aujourd'hui, mais nous tenterons de le montrer dans nos travaux futurs, c'est l'éco philosophie où il sera question aussi de concilier l'attitude esthétique et l'attitude scientifique chez Edgar Morin et ce, parallèlement aux travaux de Michel Maffesoli[1]. Cet axe innovant rend problématique et controversée la thèse du réductionnisme[2] méthodologique accréditée parfois par quelques postmoriniens. Plutôt, les fondements de la philosophie contemporaine des sciences du complexe sont consacrés aux développements des savoirs, des formes de recherche et pistes d'investigation. Elles s'ouvriront de façon complexifiante à l'inconnu. Elles pourraient éviter de reculer vers « l'infra-complexité »[3] de la connaissance qui est possible.

Par contre, la crise du sens historique des sciences n'a pas seulement changé notre regard sur le futur. Elle finit aussi par nous donner des leçons de vie pour savoir prendre à bras le corps la survenance des évènements. C'est la question régulatrice à laquelle tente de répondre notre essai ainsi consacré à l'articulation des sciences à partir de Morin. Penser l'avenir complexe des sciences et du monde en contexte post-historique de la recherche en philosophie des sciences revient à rejeter une conception dite éternelle de l'histoire des sciences et de la vérité scientifique. Cela permet de faire droit à la temporaire marche de l'univers du savoir vers la vérité. Le beau mot de Quine n'est pas si anodin. Il s'agit de la « poursuite de la vérité »[4]

---

[1] Michel MAFFESOLI, *Le temps revient. Formes élémentaires de la postmodernité*, Paris, Desclée de Brouwer, 2010, p.25.

[2] On lira avec grand intérêt épistémologique Paul Feyerabend, précisément au chapitre 4 : « Explication, réduction et empirisme », *Réalisme, rationalisme et méthode scientifique. Ecrits Philosophiques I, op. cit.* p. 87.

[3] Edgar MORIN nous avertit en ces termes : « Ce à quoi il faut ajouter l'infra-complexité, c'est-à-dire la domination implacable, l'anéantissement des oppositions et des antagonismes par l'anéantissement physique des opposants et des antagonismes ». Cf. *Le paradigme perdu : la nature humaine, op. cit.,* p. 198.

[4] Willard. V. QUINE, *La poursuite de la vérité*, trad. de l'anglais par Maurice Clavelin, Paris, Seuil, coll. « L'ordre philosophique », 1993, p. 113.

pour ainsi dire. Cette poursuite peut se faire ou être envisagée dans le monde « infra-mécanique quantique ».

Cette prospection critique permettrait « une révolution épistémologique révélée dans les descriptions de micro-états »[1]. Si curieux que cela paraisse, les ambivalences du futur accompagnent l'évolution de l'histoire des sciences depuis l'Antiquité jusqu'à ce jour. L'humanité entre, donc, dans une nouvelle histoire des sciences par l'action problématique de la recherche en philosophie de la complexité s'exposant ainsi à la difficulté de tout prouver et de tout trouver par la dialogique. Source de perplexité non paralysante, mais fondée sur du réel façonné par l'homme et enveloppé d'incertitudes des faits historiques, l'histoire des sciences[2] de la complexité se renouvelle non sans réhabiliter l'hyper-complexité de notre ignorance devant le mystère et ce, au cœur d'un temps qui se révèle long.

Le paradigme des « temps modernes »[3] des sciences est allé jusqu'à nous montrer qu'il existe des domaines non encore découverts, des pensées que personne n'a jamais eues, et des univers inexplorés, c'est-à-dire qui restent plus que jamais à sonder. Enrichie par la valeur heuristique de la transformation des sciences qu'elle subit, la posthistoire est comprise par l'homme qui, paradoxalement, la transcende au prix d'une quête inachevée de sens. Cela dit, elle introduit, chemin faisant, une rupture dans un rapport que l'homme entretient toujours avec le monde. Loin des données objectives ou des charges subjectives qu'elle sera étudiée davantage, la dialogue entre l'individu et le cosmos est co-constructiviste.

Plutôt, c'est à la faveur des variations épistémologiques de la recherche scientifique et dans l'ajustement de l'équilibre instable entre l'absolu et le relatif de la connaissance que l'esprit scientifique progresse. Quoi qu'il en coûte, le moins que l'on peut en retenir, c'est que cette recherche est de nature prospective. Plus qu'elle simple

---

[1] Miora MUGUR SCHACHTER, L'infra-mécanique quantique. Une révolution épistémologique révélée dans les microétats, Paris, Dianoia, coll. « Fondements de la Philosophie Contemporaine des Sciences », 2009, p. 18.

[2] Thomas KUHN, *La révolution copernicienne*, trad. de l'anglais par Avram Hayli, Paris, Les Belles Lettres, coll. « L'âne d'Or », 2016, p.299.

[3] Georges GUSDORF, *La révolution galiléenne*, tome II, Paris, Payot, 1969, 1969, « le défi de la science », p. 59.

ambition manifestée, elle procède à la mise en valeur d'un des aspects fondamentaux de la pensée scientifique en essayant de construire un lien séminal entre la part historique de la complexité de la pensée philosophique et sa dimension cosmologique élargie aux croyances religieuses. Cela étant, la théorie rationnelle des « émergences » de la nature qui tient dans la nouvelle science physique ou biologique est une quête inachevée de sens pour ainsi dire. « la nouvelle épistémologie »[1] couplée à l'évaluation globale de la conception morinienne des articulations épistémologiques. Elles se fondent sur l'histoire des sciences qui fait prévaloir les aspects transcendants de la complexité, au détriment de ceux qui font droit souvent à la pluralité d'approches des philosophies de l'histoire des sciences[2].

Cependant, cette approche de Morin va au-delà de l'anti-dogmatisme. Les enjeux d'un « anti-autoritarisme épistémologique »[3] historique et cosmologique nous ont paru décisifs. La pratique scientifique d'aujourd'hui demeure donc anti-fondationnaliste et ouverte. Tant les sciences de la nature et les sciences sociales continuent de s'élargir au niveau de l'écologie qui est en perspective. Sur ce, quelques indications du rapport controversé de Morin avec Bachelard sont nécessaires à la compréhension de l'influence que ces derniers ont subi de la part des épistémologues anglo-Saxons, particulièrement. Ces derniers ont effectivement eu le mérite d'éclairer davantage le fait de l'articulation des sciences.

Alors, rien de ce qui est cosmologique, historique ou historial ne peut ni fonder, ni se fonder ultimement sur le dogmatisme, même sous des auspices éthiques ou morales de la complexité pratique. La relation entre les différents domaines de la connaissance est première. Qui plus est, la recherche du sens historique de la complexité épistémologique ; partant de la valeur historique des sciences, réside

---

[1] Une de mes publications portant le titre « Edgar Morin ou *la nouvelle épistémologie* », *op. cit.*, parue en 2019 est de nature à révéler que les sciences qui fonctionnent à l'unisson donnent lieu à la manifestation du mystère et du mystique au cœur de la connaissance humaine.

[2] Emboussi NYANO, *Thomas Kuhn et la philosophie des révolutions scientifiques. Une épistémologie darwinienne*, Paris, Dianoia, 2014, p.74.

[3] Pierre JACOB, « Qu'est-ce que l'autoritarisme épistémologique ? », *L'âge de la science, lectures philosophiques, 2, épistémologie,* Paris, Odile Jacob, 1989, p. 25.

dans son idéalité, et dans son « hyper-complexité »[1]. Dans ce sens, la créativité dont nous avons souligné les vertus cardinales et les mérites au double plan théorique et esthétique[2] sont d'importance dans les rapports entre philosophes des sciences et artistes. Avec Feyerabend ou Popper, il est désormais question non seulement de « la science en tant qu'art », mais aussi de « la science sans expérience ». Ces derniers donnent une idée raisonnablement claire de cette nouvelle perspective qui consiste à dire que la science n'est pas pure de créativité dans ce domaine. Morin avoue franchement avoir été influencé par plus que philosophes que de sociologues des sciences, dans « la perception du monde et de la vie »[3] depuis qu'il a choisi de quitter le « sociologisme » à cause de son caractère réducteur[4].

Au final, la théorie épistémologique de « la complexité essentielle » à partir de Morin n'exclut donc pas le droit à l'apport positif de l'art à l'instar des travaux menés par Nelson Goodman[5]. Cela se fait dans le progrès du monde et dans la découverte des nouveaux mondes. Le progrès rend possible la création du monde : mais, est-ce le monde réel ou un monde créé ? Le nouvel esprit scientifique admet l'hypothèse de l'homme qui finit par découvrir le nouveau monde à mesure qu'il tente d'imiter Dieu. C'est le lieu de penser « une nouvelle épistémologie » ainsi ouverte aux croyances religieuses. Connaissance et croyance peuvent aller de pair.

En revanche, le monde réel il le découvre grâce à son intelligence. Les théories, quand bien même elles s'éprouveraient à l'aune des faits historiques, parce que procédant de l'invention humaine, seraient autant de phénomènes complexes que le serait aussi la nature de la nature humaine qui suit l'histoire des sciences[6]de l'homme et de la

---

[1] L'expression « hyper-complexité » se donne à lire dans *Le paradigme perdu* d'Edgar MORIN, *op. cit.*, p. 129.

[2] Karl POPPER, *La quête inachevée, op. cit.*, p. 98.

[3] *Ibid.*, p.99. S'agissant du « progressisme en art, et en particulier en musique » Popper établit un lien évident entre émergence et progressisme en art musical.

[4] Edgar MORIN et Jean Louis Le MOIGNE, *L'intelligence de la complexité,* Paris, L'Harmattan, 1999, p. 23.

[5] Nelson GOODMAN, *Langages de l'art. Une approche de la théorie des symboles,* trad. de l'anglais par Jacques Morizot, Paris, Jacqueline Chambon, 1990, p.79.

[6] Alexandre KOYRE, *Etudes d'histoire de la pensée scientifique*, Paris, Gallimard, coll. « Tel », 1973, p.61.

société. Le monde est réellement complexe ainsi que son sens historique. Pour ce faire, nous ne pouvons qu'essayer d'y accéder approximativement. Cette philosophie de la modestie intellectuelle fondée sur le principe de la précaution ou de la prudence devant le devenir des sciences est à la lisière de l'homme faillible et de la fragilité de sa puissance. Il ne peut que s'attacher à la « psychologie de la découverte » de la complexité qu'il va pouvoir distinguer soigneusement de la « logique de la découverte » de la vérité qui nous paraît non seulement attrayante ou fuyante, mais aussi et surtout ineffable à ce jour.

Ce glissement épistémologique permet de passer de la science positiviste à la science sans dogmes. Il n'y a donc pas que « l'univers irrésolu » dont Popper[1] se fait l'écho, même l'histoire des sciences est dans l'irrésolu. Le langage problématique dont le scientifique fait usage montre que la simplification méthodologique n'implique pas nécessairement la simplicité de la nature. La nature que l'homme tente de dominer par la raison et la technique se révèle à la fois simple et complexe[2]. La liberté humaine, la créativité et la rationalité humaine sont autant d'éléments non classiques de la connaissance de l'histoire en marche moyennant lesquels, le plaidoyer pour un antihistoricisme des sciences constitue des prolégomènes à la « propension »[3] en science où les faits historiques se révèlent, chemin faisant « fluctuants »[4].

Quant à la critique de la raison compartimentaliste qui a servi de contexte de justification à la pensée complexe de Morin, elle est en passe de s'inscrire dans l'horizon philosophique des « problèmes de gravité »et de la découverte de la « raison polarisante ». Qui plus est, d'une « difficulté variable », passant d'une époque à l'autre, d'un

---

[1] Emmanuel MALOLO DISSAKE, *Karl Popper. Langage, falsificationnisme et science objective,* Paris, PUF, coll. « Philosophies », p.42.

[2] Fausto FRAISOPI, *La complexité et les phénomènes. Nouvelles ouvertures entre science et philosophie*, Paris, Hermann, 2012, p.191.

[3] Karl POPPER, *L'Univers irrésolu, op. cit.,* p. 27.

[4] *Ibid.*, p.79. La théorie de la propension de Popper n'est pas seulement utile à la critique du déterminisme historique. Elle l'est pour « l'éthique, le bon sens et la philosophie des sciences ».

penseur à l'autre, « d'une science à l'autre »[1]on voit comment la science tend vers la complexité et surtout vers la « dynamologie »[2]. Morin n'en a pas eu la prétention malheureuse de penser que pour quelques-uns ils auraient été absolument résolus. Par contre, l'irrésolution qui est inscrite au cœur même de la démarche historique des sciences nous fait dire que la pensée complexe de Morin est à l'interface de la « simplicité » et de « la complexité » des sciences. L'accent non classique d'une recherche transversale rentre dans la veine même de l'existence des problèmes épistémologiques et nouveaux, pour autant qu'ils sont pressants en philosophie contemporaine des sciences, entre autres, celui des philosophies de l'environnement ou de l'écologie[3].

L'aspect fondamentalement éthique de la recherche en philosophie des sciences sociales et en biophysique de cette même complexité[4] est à réévaluer. Pareille tendance mettrait donc en avant ce qu'il conviendrait d'appeler « la science honnête de Morin ». Philosophe parmi les plus critiques de notre temps, Morin nous invite historiquement et théoriquement à faire preuve de modestie intellectuelle devant le nuage d'inconnaissance et de probité morale[5] au sein des « Cénacles philosophiques ». La tentation est grande de se régler les comptes[6]ou de régler une fois pour toutes les questions de la « fin de l'histoire » ou « du sens infini de l'histoire » qui sont fortement tournées vers la « crisologie », c'est-à-dire la théorie des crises qui sont dans nos têtes.

---

[1] Isabelle STENGERS, (dir.) *D'une science à l'autre. Des concepts nomades,* Paris, Seuil, coll. « Science ouverte », 1987, p.11.

[2] Cette expression est de Gaston BACHELARD pour montrer que la science est quelque chose de dynamique. Larry Laudan a eu de bonnes raisons d'intituler son ouvrage en termes de « *dynamique de la science* ».

[3] Edgar MORIN, *L'an I de l'ère écologique et dialogue avec Nicolas Hulot*, Paris, Tallandier, 2007, p.35.

[4] Emmanuel MALOLO DISSAKE, *La grammaire de l'objectivité scientifique*, *op. cit.,* conclusion.

[5] La synthèse éclairante faite par Emmanuel Malolo Dissakè entre les lignes interrogatives de la Préface à *Karl Popper ou l'éthique de la science,* a du prix à nos yeux quand il écrit : « éthique et science : conjonction naturelle ? », *op. cit.*, p.5-12.

[6] Jean LARGEAULT, « Règlements de comptes entre épistémologues », in *Enigmes et controverses,* Paris, Aubier Montaigne, coll. « Analyse et raisons », 1980, p.121.

Cependant, la crise quoique sanitaire, une des variantes qui prennent corps dans notre existence peut aujourd'hui nous « solidariser » et, partant nous permettre de vivre-ensemble. Voilà pourquoi, l'articulation des sciences implique, de fait, le désir d'unité des experts. Dans ce sens, la problématique du vivre-ensemble prend de plus en plus du relief au cœur même d'une société savante qui se veut ouverte. Mais elle s'expose à ses ennemis à cause de la montée des intégrismes d'une part ou du séparatisme d'autre part. Quant à la poursuite, plus avant, de la vérité scientifique au cœur de notre démarche de connaître, et ce, dans la pleine voie de la « corrélation »[1] est dans l'ordre des émergences qui sont devenues maintenant cruciales dans le but de continuer de pratiquer la recherche scientifique. Ce faisant, les médiations épistémologiques à caractère transdisciplinaire et multiversal, couplées à l'éclaircissement des philosophies de l'environnement, de la bioéthique, de la « bio-éco-philosophie »[2] qui sont en passer de prendre de plus en plus du relief, vont pouvoir constituer l'objet d'une justification possible de l'interaction des sciences qui est fondée sur « l'articulation des sens ».[3]

Au final, la philosophie contemporaine des sciences devrait, non sans raison, encore s'attacher à l'historialité des rationalités postmodernes et au questionnement des humanités en construction. De la sorte on devrait interroger davantage l'humain même en contexte africain, et ce, en pointant son comportement face à la biosphère. Pareille relation écosystémique pourrait alors redéfinir sa place dans le monde pour une « éco-philosophie » africaine. On retrouve par ce biais ce que Michel Serres appelle « le contrat naturel ».[4] Cette nouvelle piste de recherche réside dans le prolongement des études relatives à l'approche bioéthique dont Gilbert Hottois se fait l'écho et

---

[1] Michel Veuille, « Corrélation. Le concept pirate », *D'une science à l'autre, op. cit.*, p.35.

[2] Martin F. M. MBANDAKULU, *Introduction à la bio-éco-philosophie. De la philosophie « brune » à la philosophie « verte »*, Paris, L'Harmatan, 2017, p. 47.

[3] Jean LADRIERE, *L'articulation du sens. Discours scientifique et parle de la foi*, Paris, Cerf, 1970, p. 161.

[4] Michel SERRES, *Le contrat naturel*, Paris, Flammarion, coll. « Champs », 1992, p. 69.

ses difficultés d'appropriation en Afrique[1]d'aujourd'hui. Dans le même élan, on peut donc envisager une « *écosophie* »[2].

[1] Martin F. M. MBANDAKULU, « Bioéthique Fortuné d'application des prouesses biotechnologiques en Afrique », *Cahiers épistémo-logiques « Science et bioéthique en Afrique »*, (dir.), Marcel Nguimbi et Ignace Ayenon Yapi, 8/2019, Paris, L'Harmattan, p. 137.
[2] Michel MAFFESOLI, *Matrimonium. Petit traité d'écosophie.* Paris, CNRS, Editions, 2010, p. 69.

Bibliographie

Abdelmalek A. A., (2010), *Edgar Morin, sociologue de la complexité*, Paris, Editions Apogée.

Akakpo, Y. (2009), La rationalité technologique à l'éprouve. *Revue Internationale de philosophie. Le Cahier philosophique d'Afrique*, N°007, Ouagadougou : PUO, p.61-77.

Allonnes, d'M.R. (2012). *La crise sans fin. Essai sur l'expérience moderne du temps*. Paris : Seuil.

Arnaud, A. et Nicole, P. (1970). *La logique ou l'art de penser*. Paris : Flammarion.

Ayer, A.J. (1951). *Langage, vérité et logique*. Paris : Flammarion.

Bachelard, G. (1942). *L'Eau et les Rêves Essai sur l'imagination de la matière*. Paris : José Corti.

Bachelard, G. (1951). *L'activité rationaliste et la physique contemporaine*, Paris : P.U.F.

Bachelard, G. (1957). *La poétique de l'espace*. Paris : P.U.F.

Bachelard, G. (1958). *La conscience de la rationalité*. Paris : P.U.F.

Bachelard, G. (1960). *La poétique de la rêverie* Paris : P.U.F.

Bachelard, G. (1968). *Essai sur la connaissance approchée*. Paris : Vrin.

Bachelard, G. (1970). *Etudes*. Présentation de Georges Canguilhem, Paris : Vrin.

Bachelard, G. (1989). *Le rationalisme appliqué*. Paris : Gautier Villard.

Badiou, A. (1975). *Théorie de la contradiction*. Paris : Maspero.

Belaval, Y. (1984). *Leibniz Initiation à sa philosophie*. 3e édition, Paris : Vrin.

Bergson, H. (2011). *L'intuition philosophique*. Paris : P.U.F.

Bianchi F., (2001), *Le fil des idées. Une éco-biographie intellectuelle d'Edgar Morin*, Paris, Seuil, p. 45.

Blanché, R. (1970). *La logique et son histoire, d'Aristote et Russell*. Paris : Armand Colin.

Boudon, R. (1995). *Le juste et le vrai, études sur l'objectivité des valeurs et de la connaissance*, Paris : Fayard.

Boyer, A. K. R. (1978). *Popper : Une épistémologie laïque*. Paris : Presses de l'Ecole Normale Supérieure.

Boyer, A. K. R. (2007). « La rationalité ouverte » : *Karl Popper : un philosophe dans le siècle, Philosophia Scientiae*, Vol. 11, Cahier 1, Paris : Editions Kimé.

Broglie, L. de (1966). *Certitudes et incertitudes de la science*. Paris : Albin Michel.

Bunge, M. (1975). *Philosophie de la Physique*. Paris : Seuil.

Carnap, Ra. (1935). *La logique de la science*. Paris Hermann.

Centre Gaston Bachelard, (éd.), (1997). *Gaston Bachelard, un rationaliste romantique*. Avec le concours des Amis de Gaston Bachelard, Dijon : Editions Universitaires de Dijon (E.U.D.).

Damasion, A. (2003). *Spinoza avait raison. Le cerveau des émotions*. Paris : Odile Jacob.

Dastur, F. (1995). *Husserl Des mathématiques à l'histoire*. Paris : P.U.F.

Davidson, D. (2002). *Paradoxes de l'irrationalité*. Trad. De l'anglais (USA) par P. Engel, Paris : Editions de l'Eclat, « tiré à part ».

Descartes, R. (1966). *Discours de la méthode*. Paris : Flammarion.

Dupuy, J. P. (éd.) (1997). *Les limites de la rationalité, tome 1, Rationalités, éthique et cognition*. Colloque de Cerisy, Paris : La Découverte.

El Black, A. (2010). « L'histoire de la physique selon Gaston Bachelard », *Etudes sahéliennes*, Revue scientifique de la Faculté des Lettres et des Sciences Humaines (Science de l'homme et de la Société), Université Abdou Moumouni de Niamey (Niger), N°4 juin 2010, p. 141-153.

Engel, P. (2002). Préface à l'ouvrage de Donald Davidson *Paradoxes de l'irrationalité*, Nîmes, Editions de l'Eclat.

Espagnat, d'- (1985). *Une incertaine réalité*. Paris : Bordas.

Feyerabend, P. K. (1980). « Comment être un bon empiriste Plaidoyer en faveur de la tolérance en matière épistémologique » In : *De vienne à Cambridge L'Héritage du positivisme logique de 1950 à nos jours*, texte choisis, traduits et présentés par P. Jacob Paris : Gallimard.

Feyerabend, P. K. (1999). *Une connaissance sans* fondements. Trad. E. Mololo Dissakà, Paris : Dianoia.

Feyerabend, P. K. (2005). *Réalisme, rationalisme et méthode scientifique, Ecrits Philosophiques*. Trad. E. Mololo Dissakè, Paris : Dianoia.

Fogiel, I. T. (2000). *Critique de la représentation Etude sur Fichte*. Paris : Vrin.

Fortin, R., (2001), *Comprendre la complexité. Introductionn à « La Méthode » d'Edgar Morin*, Saint Roy, (Québec), Presses de l'Université de Laval.

Fortin, R., (2009), *Penser avec Edgar Morin*, Saint-Foy (Québec), Presses de l'Université de Laval.

Ganty, E. (1997). *Penser la modernité Essai sur Heidegger, Habermas et Eric Weil*. Préface de Gilbert Kirscher, Namur : Presses Universitaires de Namur.

Granger. G. G. (1998). *L'Irrationnel*. Paris : Odile Jacob.

Guibal, F. (2011). *Le Sens de la réalité Logique et existence selon Eric Weil*. Paris : Editions Felin.

Habermas, J. (1973). *La technique et la science comme idéologie*. Paris : Gallimard.

Habermas, J. (1988). *Le Discours philosophique de la modernité*. Trad. C. Bouchindhomme et R. Rochlitz, Paris : Gallimard.

Heidegger, M. (1958). *Essais et conférences*. Trad. A Préan, Paris : Galliamard.

Hottois, G. (1990). *Le Paradigme bioéthique. Une éthique pour la techno-science*. Bruxelles : De Boeck Université.

Hottois, G. (2002). Définir la Bioéthique : retour aux sources. *Revue Internationale Francophone d'Ethique et de Bioéthique, (RIFEB)*, Publications de la Claire Unesco de Bioéthique, P.19-45.

Hountondji, P. (éd.) (2007). *La rationalité, une ou plurielle ?* Sénégal : Cadesria, Unesco.

Hyppolite, J. (1971). L'imaginaire et la science chez Gaston Bachelard. In : *Figures de la pensée philosophique*. Tome 2, Paris : P.U.F.

Jonas, H. (1995)). *Le Principe responsabilité*. Trad. De l'allemand par J. Greisch, 3e édition, Paris Champs-Flammarion.

Kant, E. (1965). *Critique de la raison pure*. Trad. Tremsaigues et Pacaud, Paris : PUF.

Kapumba Akenda, J.-C. (2012). *Les Sciences entre Nature et Culture L'Unité dans la Diversité*. Paris : Dianioa.

Karl, P. K. (1992). *Un univers de propensions, Deux études sur la causalité et l'évolution.* Traduit et présenté par A. Boyer, Paris : Editions de l'éclat.

Koyré, A. (1962). *Du monde clos à l'univers infini*. Paris : PUF.

Kuhn, S. Th. (1972). *Structure des révolutions scientifiques*. Paris : Flammarion.

Ladrière, J. (1977). *Les enjeux de la rationalité. Le défi de la science et de la technologie aux cultures.* Paris : Aubier-Montaigne/Unesco.

Ladrière, J. (1998). Le rationnel et le raisonnable. In : E. Marin (éd.), *Le défi du XXI°s, Relier les connaissances*. Paris : Seuil.

Lalèyê, I. P. (2005). La philosophie et les cultures : Flux et reflux de la rationalité. In : *Monde arabe et Monde occidental : un dialogue philosophique pour une apparoche trasculturelle et Transcender les cultures*, Journée de la philosophie à l'Unesco tenue en 2003, Paris : Unesco.

Laporte, J. (1950). *Le rationalisme de Descartes*. Paris : P.U.F.

Lemieux E., (2009), *Edgar Morin. L'indiscipliné*, Paris, Seuil.

Leibniz, W. G., (2018), *Mathesis Universalis. Ecrits sur la mathématique universelle*, trad. franç., par David Rabouin, Paris, Vrin, coll. « Mathesis ».

Leibniz, W. G., (1995), *La caractéristique géométrique*, trad. franç., par Marc Parmentier, Paris, Vrin, coll. « Mathesis ».

Leibniz W, G., (2005), *Opuscules philosophiques choisis*, trad. franç., par Paul Schrecker, Paris, Vrin, coll. « Bibliothèque des textes philosophiques ».

Lyotard, J. F. (1979). *La conquête du présent. Pour une sociologie de la vie quotidienne*. Paris : P.U.F.

Maffesoli, M. (2004). *La part du Diable. Précis de subversion post-moderne*. Paris Champs-Flammarion.

Maffesoli, M. (2005). *Eloge de la raison sensible*. Paris : La Table Ronde.

Mandelbrot, B., (1989), *Les objets fractals*, Paris : Flammarion.

Martin, M. E. (2012). *Les réalismes épistémologiques de Gaston Bachelard*. Préface de D. Parrochia, Dijion : EUD.

Morin, E. (1990a).*Science avec conscience*. Paris : Seuil.

Morin, E. (1990b). *Introduction à la pensée complexe*. Paris : ESP.

Morin, E. (1999). *Les sept savoirs nécessaires à l'éducation du futur*. Paris : Unesco.

Morin, E. (2004a). *Pour enter dans le XXI siècle*. Paris : Seuil.

Morin, E. (2004b). *La Méthode 6. Ethique*. Paris : Seuil.

Morin, E. (2008). *Mes démons*. Paris : Stock.

Morin, E. (2009). *Culture et barbarie européennes*. Paris : nousvelle édition, Bayard.

Mourrélos, G. (1964). *Bergson et les niveaux de réalité*. Paris : PUF.

Mukungu Kakungu, M. (2007). *Vocaburaire de la complexité Poste-criptum à la Méthode d'Edgar Morin*. Préface E. Morin, Introduction de Ch. Peyron Bopnjon et de G. Berger, Paris : l'Harmattan.

Myriam Revault, A. (2012). *La crise sans fin Essai sur l'expérience moderne du temps*. Paris : Seuil.

Nsonsissa, A. (2011). « Les biotechnologies face aux défis de la complexité à la lumière de l'épistémologie d'Edgar Morin », *Annales,* Nouvelle Série, Volume 012, Série A Lettres et Sciences Humaines et Sociales, Presses Universitaires de Ouagadoungouo, (P.U.O.), p. 299-324.

Nsonsissa, (2020), « Etudes sur la place et la signification de la philosophie de la reliance des connaissances », *Endoxon. Revue africaine de Philosophie des sciences,* numéro 2/ 2020, « Science, technique, société », UOB/ IRSH-CENAREST, pp. 125-151.

Ndoye, B. (2004). « Philosophie et Sciences : le point de vue de l'histoire », *Ethiopiques Revue négro-africaine de Littérature et de Philosophie*, N°72 1er semestre, p.225.

Nzinzi, P. (2012). « La science sans dogme », Préface à l'ouvrage de Moukala Ndoumou, *Initiation à l'épistémologie générale*. Libreville : Editions Raponda-Walker.

Ossah Eboto, C. (2006). « La technique, la science et la pensée selon Heidegger », *Revue Internationale de Philosophie, Le Cahier philosophique d'Afrique*, Université de l'Ouagadougou, N°004, p.59.

Perelman, Ch. (1984). *Le raisonnable et le déraisonnable*. Paris : GDJ.

Popper, K. R. (1967). *La rationalité et le principe de rationalité*. Paris : Payot.

Popper, K. R. (1982). *La logique de la découverte scientifique* Paris Payot.

Popper, K. R. (1990). *Le réalisme et la science*. Trad. A. Andler, Paris Hermann.

Popper, K. R. (1999). *Conjectures et Réfutations La croissance du savoir scientifique*. Trad. De l'Anglais par Michelle-Irène et M.B. de Launey, Payot : Paris.

Popper, K. (n.d.). *La télévision : un danger pour la démocratie*. Trad. Cl. Orsini, Introduction de Giancardo Bosetti avec un essai de Jean Baudouin, Paris : Anatolia Editions, Bibliothèques 10/18.

Putnam, H. (1984). *Raison, Vérité et Histoire*. Trad. de l'anglais (USA) A. Gersenfeld, Paris : Minuit.

Putnam, H. (1992). *Définitions, pourquoi ne peut-on pas naturaliser la raison*. Trad. de l'aglais et présenté par C. Bouchindhomme, Paris : Editions de l'Eclat.

Putnam, H. (2004). *Faits/Valeurs : la fin d'un dogme et autres* Cometti, Editions de l'Eclat.

Quéré, F. (1991). *L'éthique et la vie*. Paris : Odile Jacob.

Quine, W. O. (1977). *Le mot et la chose*. Paris : Flammarion.

Russ, J. (1994). *La Pensée éthique contemporaine*. Paris : PUF.

Tellez J., (2009), *La pensée tourbillonnaire. Introduction à la pensée d'Edgar Morin*, Paris, Germinia.

Savadogo, M. (2007). L'ethique se renouvelle-t-elle ? *Revue Internationale de philosophie, Le Cahier Philosophique d'Afrique*, N°005, Ouagadougou : PUO.

Serres, M., (1993), Les origines de la géomérie, Paris, Flammarion.

Simon, H.-A. (1991). *Science des systèmes Sciences de l'artificiel.* trad. J.-L. Le Moigne, Paris.

Sinaceur, H. B. (2005). *Connaissance et rationalité. Problèmes ouverts en épistémologie*. Paris : Unesco.

Vernant, D. (2012). Excursus dans les *Principia Mathématica*, de l'analogie à la structure et retour. In : *Autour des Principia Mathématica de Russell et Whitead*, texte réunis et présenté par Alexandre Guay, Histoire et philosophie des sciences, Dijon : E.U.D.

Vincent, J. D. (2002). *Biologie des passions*. Paris : Odile Jacob.

Wittgenstein, L. (1966). *Tractatus logico-philosophicus.* Paris : Gallimard.

TABLE DES MATIERES

REMERCIEMENTS..9

PREFACE..13

Introduction : le rôle médiateur de la complexité 19

Chapitre premier : les références poppériennes au cœur de l'épistémologie complexe d'Edgar Morin 49

1. Morin pour et contre Popper ? 49

2. L'articulation traditionnelle des sciences..85

Chapitre deuxième : Edgar Morin et la métascience 131

1. Les nouvelles médiations épistémologiques..132

2. L'acheminement vers la science du complexe..172

Conclusion : aux risques de la pensée interstitielle..208

Bibliographie..219

Structures éditoriales du groupe L'Harmattan

L'Harmattan Italie
Via degli Artisti, 15
10124 Torino
harmattan.italia@gmail.com

L'Harmattan Hongrie
Kossuth l. u. 14-16.
1053 Budapest
harmattan@harmattan.hu

L'Harmattan Sénégal
10 VDN en face Mermoz
BP 45034 Dakar-Fann
senharmattan@gmail.com

L'Harmattan Cameroun
TSINGA/FECAFOOT
BP 11486 Yaoundé
inkoukam@gmail.com

L'Harmattan Burkina Faso
Achille Somé – tengnule@hotmail.fr

L'Harmattan Guinée
Almamya, rue KA 028 OKB Agency
BP 3470 Conakry
harmattanguinee@yahoo.fr

L'Harmattan RDC
185, avenue Nyangwe
Commune de Lingwala – Kinshasa
matangilamusadila@yahoo.fr

L'Harmattan Congo
67, boulevard Denis-Sassou-N'Guesso
BP 2874 Brazzaville
harmattan.congo@yahoo.fr

L'Harmattan Mali
Sirakoro-Meguetana V31
Bamako
syllaka@yahoo.fr

L'Harmattan Togo
Djidjole – Lomé
Maison Amela
face EPP BATOME
ddamela@aol.com

L'Harmattan Côte d'Ivoire
Résidence Karl – Cité des Arts
Abidjan-Cocody
03 BP 1588 Abidjan
espace_harmattan.ci@hotmail.fr

L'Harmattan Algérie
22, rue Moulay-Mohamed
31000 Oran
info2@harmattan-algerie.com

L'Harmattan Maroc
5, rue Ferrane-Kouicha, Talaâ-Elkbira
Chrableyine, Fès-Médine
30000 Fès
harmattan.maroc@gmail.com

Nos librairies en France

Librairie internationale
16, rue des Écoles – 75005 Paris
librairie.internationale@harmattan.fr
01 40 46 79 11
www.librairieharmattan.com

Librairie l'Espace Harmattan
21 bis, rue des Écoles – 75005 Paris
librairie.espace@harmattan.fr
01 43 29 49 42

Lib. sciences humaines & histoire
21, rue des Écoles – 75005 Paris
librairie.sh@harmattan.fr
01 46 34 13 71
www.librairieharmattansh.com

Lib. Méditerranée & Moyen-Orient
7, rue des Carmes – 75005 Paris
librairie.mediterranee@harmattan.fr
01 43 29 71 15

Librairie Le Lucernaire
53, rue Notre-Dame-des-Champs – 75006 Paris
librairie@lucernaire.fr
01 42 22 67 13

www.ingramcontent.com/pod-product-compliance
Lightning Source LLC
LaVergne TN
LVHW010917051026
849532LV00003B/726